Ilham Zahir
Abdessamad BERAOUZ Mohamed B.
Ranya BOUKHRIS

Funcionamento das toxinas bacterianas e terapia com toxinas

Ilham Zahir
Abdessamad BERAOUZ Mohamed B.
Ranya BOUKHRIS

Funcionamento das toxinas bacterianas e terapia com toxinas

ScienciaScripts

Cover image: www.ingimage.com

This book is a translation from the original published under ISBN 978-620-6-72247-2.

Publisher:
Sciencia Scripts
is a trademark of
Dodo Books Indian Ocean Ltd. and OmniScriptum S.R.L publishing group

120 High Road, East Finchley, London, N2 9ED, United Kingdom
Str. Armeneasca 28/1, office 1, Chisinau MD-2012, Republic of Moldova, Europe
Printed at: see last page
ISBN: 978-620-8-26501-4

Prefácio

- **Apelido(s) e nome(s) próprio(s) do(s) autor(es) :**

ZAHIR Ilham

BERAOUZ Abdessamad

BERAOUZ Mohamed

BOUKHRIS Ranya

- **Título do emprego :**

COMO FUNCIONAM AS TOXINAS BACTERIANAS E A TERAPIA COM TOXINAS

- **Estabelecimento :**

Faculdade Polidisciplinar, Universidade Sultan Moulay Slimane, Béni Mellal.

Marrocos

- **Laboratório onde o trabalho foi efectuado :**

Laboratório da Equipa de Investigação e Desenvolvimento Polyvalent, Departamento de Biologia e Geologia, Faculdade Politécnica Béni Mellal.

Sessões de assinatura

Dedicamos este trabalho :

Aos nossos pais, cujos esforços e sacrifícios foram agora recompensados. Através deste relatório, velaram pela nossa educação com um amor e um carinho infinitos. Pedimos a Alá que lhes conceda boa saúde e longa vida. Aos nossos irmãos e irmãs, testemunho dos fortes laços de fraternidade que nos unem. A todos os nossos amigos, sem exceção, e aos nossos colegas do departamento de Ciências da Vida.

Resumo

As toxinas são factores patogénicos poderosos, produzidos por certas bactérias, fungos, animais e plantas, que estão envolvidos nas interações drásticas destes agentes patogénicos com o organismo hospedeiro. As toxinas bacterianas foram as primeiras moléculas identificadas como responsáveis por doenças bacterianas graves nos seres humanos e nos animais.

Classicamente, as toxinas bacterianas dividem-se em endotoxinas e exotoxinas. De facto, as endotoxinas são compostos membranares de bactérias Gram-negativas, enquanto as exotoxinas são proteínas segregadas que actuam localmente e à distância do local de colonização bacteriana.

As toxinas bacterianas são extremamente diversas em termos de tamanho, estrutura, receptores, atividade enzimática e modos de ação específicos.

Recentemente, tem sido feito um grande esforço para desvendar os mecanismos de ação destas moléculas, que são altamente activas e responsáveis pela indução de sintomas tão graves em organismos superiores. Estamos a falar de atividade extracelular que forma poros membranares e de atividade intracelular em que muitas proteínas funcionais são inibidas, como as proteínas G, as proteínas RAS, o fator de alongamento da tradução 2 e as proteínas SNARE.

Por conseguinte, as toxinas bacterianas estão na fronteira de várias disciplinas, incluindo a bacteriologia, a biologia celular, a biologia molecular, a imunologia e a vacinologia. Desta forma, são aplicadas em vários domínios terapêuticos e estéticos, representando o seu lado positivo. É a chamada toxinoterapia.

Palavras-chave: Bactérias; toxinas bacterianas; mecanismo de ação; terapia com toxinas.

LISTA DE ABREVIATURAS

***A. hydrophila*:** *Aeromonas hydrophila*

AC : Adenilato ciclase

ADP : Difosfato de adenosina

cAMP : Monofosfato de adenosina cíclico

mRNA : Ácido ribonucleico mensageiro

rRNA : Ácido ribonucleico ribossómico

tRNA : Ácido ribonucleico de transferência

ARTT : ADP-ribosilação por sua vez

AT : Toxoide tetânico

ATP : Trifosfato de adenosina

B. pertussis : *Bortedella pertussis*

BoNT : Neurotoxina botulínica

C3bot : Exotoxina C3 de *Clostridium botulinum*

C. botulinum : *Clostridium botulinum*

C. diphteriae : *Corynebactrium diphteriae*

***C. tetani*:** *Clostridium tetani*

$^{2+}$Ca : Ião de cálcio

CDC : Citolisinas dependentes do colesterol

$^{-}$Cl : Ião cloreto

MHC : Complexo Principal de Histocompatibilidade

CNF : Factores Citotóxicos Necrotizantes.

Factores)

CT : Toxina da cólera.

DT : Toxina da difteria

E. coli : *Escherichia coli*

EHEC : *E. coli* enterohemorrágica

EHEC-hly : Hemolisina de estirpes entero-hemorrágicas de *E. coli*

FE2 : Fator de alongamento 2

GABA : Ácido γ-aminobutírico (ácido gama-aminobutírico)

GAP : Proteína de ativação da GTPase

Gb3 : Globotriosil ceramida

GDI : Inibidor da dissociação do PIB.

Inibidor)

PIB : Guanosina difosfato

GEF : Factores de troca de GTPase

GPI : Glicosilfosfatidilinositol

GTP : Guanosina trifosfato

Hlyα : Hemolisina α

Hlyβ: Hemolisina β

IgG : Imunoglobulina do tipo G

kDa : Quilo dalton

L. monocytogenes : *Listeria monocytogenes*

LLO : Listeriolysin O

LPS : Lipopolissacárido

$^{+}$**Na :** Ião sódio

$^{+}$**NAD :** Nicotinamida adenina dinucleótido

PFT : Toxina formadora de poros

pH : Potencial de hidrogénio

PKA : Proteína quinase A

PTX : Toxina da tosse convulsa (toxina da tosse convulsa)

PVL : Panton& Valentine Leucocidina

RAS : Sarcoma do rato

GPCR : Receptores acoplados à proteína G

RTX : Repetições em ToXins

S. aureus : *Staphylococcus aureus*

SAg : Superantigénio

TSS : Toxina da síndrome do choque tóxico

SDS-PAGE : Eletroforese em gel de poliacrilamida na presença de SDS (Sodium dodecil sulfato de sódio - eletroforese em gel de poliacrilamida)

HUS : Síndrome hemolítico uraémico

SIDA : Síndrome de Imunodeficiência Adquirida

SNARE : Recetor da proteína de ligação do fator solúvel sensível à N-etilmaleinamida

SNC : Sistema Nervoso Central

SNP : Sistema Nervoso Periférico

Stx : Toxina de Shiga

TCR : Recetor de células T

TeNT : Neurotoxina do tétano

TSST : Toxina da síndrome do choque tóxico (TSST): Toxina da síndrome do choque tóxico (TSST). toxina)

ÍNDICE

INTRODUÇÃO

As bactérias são microrganismos procarióticos unicelulares. De acordo com a relação homem-bactéria, existem três tipos de bactérias:

As bactérias comensais, que podem ser encontradas na pele ou nas mucosas do corpo, alimentam-se de matéria orgânica sem perturbar o organismo. Desempenham um papel na estimulação do sistema imunitário e contribuem para a ativação da síntese de vitamina B12. No entanto, nos indivíduos imunocomprometidos (idosos, lactentes, grávidas, pessoas com SIDA, diabéticos, pessoas que tomam corticosteróides, etc.) ou quando as condições do organismo se alteram devido a factores externos como a falta de higiene, traumatismos pelo frio, ferimentos ou queimaduras, as bactérias comensais podem transformar-se em **bactérias oportunistas** e provocar uma infeção. O terceiro tipo de microrganismo é a **chamada bactéria "patogénica estrita"**, cuja presença no organismo revela sempre uma patologia, qualquer que seja o estado da imunidade da pessoa, quer seja imunocomprometida ou imunocompetente.

A infeção bacteriana ocorre em várias fases. Incontestavelmente, quando as bactérias atravessam as barreiras naturais do organismo (pele e mucosas), aderem a um tecido. Em seguida, multiplicam-se e desenvolvem-se, chegando mesmo a invadir certas células.

Ao mesmo tempo, esta infeção desencadeia o sistema imunitário do organismo. Inicialmente, é desencadeada uma reação imunitária natural pelas células polinucleares, pelos monócitos/macrófagos e pelo sistema do complemento. Na segunda fase, estabelece-se uma resposta imunitária adaptativa mediada por células e/ou humoral. Isto leva à produção de anticorpos específicos com propriedades opsonizantes.

No entanto, algumas bactérias escapam às respostas imunitárias graças à sua grande variabilidade antigénica devido a variações nos genes estruturais, que codificam uma nova variedade de antigénios não reconhecidos pelos antigos anticorpos. As bactérias também podem sequestrar o sistema imunitário para garantir a sua sobrevivência, encapsulando ou produzindo super-antigénios.

Assim, após a **colonização, a multiplicação e a fuga ao sistema imunitário**, a última etapa da infeção de certas bactérias é a **produção de substâncias tóxicas**, ou toxinas, que induzem a citotoxicidade das células hospedeiras. Estes factores de virulência diferem em função das células-alvo e do seu modo de ação (toxinas formadoras de poros membranares, ADP-ribosilantes, proteolíticas, etc.).

Por outro lado, apesar dos seus efeitos nocivos como poderosos factores de virulência, estas toxinas têm **vantagens para o ser humano**. Estamos a falar de toxinoterapia, que visa utilizar toxinas bacterianas para prevenir certas infecções (anatoxinas), assim como podem ser utilizadas como agentes anticancerígenos e no domínio estético.

Consequentemente, o objetivo desta parte do curso é compreender o efeito das toxinas bacterianas nas células eucarióticas e os diferentes modos de ação através dos quais estas toxinas actuam, bem como o estudo dos avanços no mundo da terapia com toxinas.

CAPÍTULO I: TOXINAS BACTERIANAS

A. Definição

As toxinas bacterianas são **substâncias** tóxicas e antigénicas produzidas por certas **bactérias**. Em **doses muito baixas,** podem causar **a morte de** um organismo vivo (humano, animal, vegetal, etc.) ou induzir **perturbações patológicas** em órgãos, tecidos e células. Podem ser **proteicos**, codificados por genes, plasmídeos ou fagos no cromossoma bacteriano, ou **não proteicos**: os lipopolissacáridos (LPS), um constituinte da parede celular das bactérias Gram-negativas.

B. Classificação das bacteriotoxinas

As toxinas bacterianas podem ser classificadas de várias formas: a classificação clássica, a classificação clínica e de acordo com o seu modo de ação.

I. Classificação clássica

I.1 Endotoxinas

As endotoxinas (do grego: endon = dentro e toxicon = veneno) são LPS (Figura 1). São substâncias biológicas tóxicas libertadas durante a lise destas bactérias e, em menor grau, durante a sua multiplicação. Em caso de infeção, podem provocar uma série de sintomas, desde febre e arrepios até ao choque tóxico.

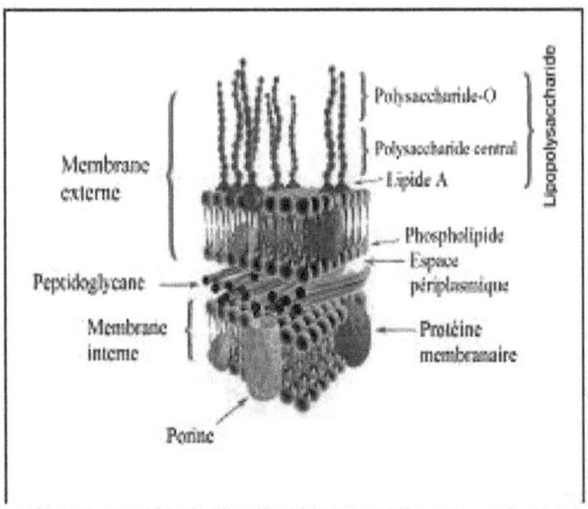

Figure 1 : Position des endotoxines au niveau de la paroi bactérienne à Gram négatif

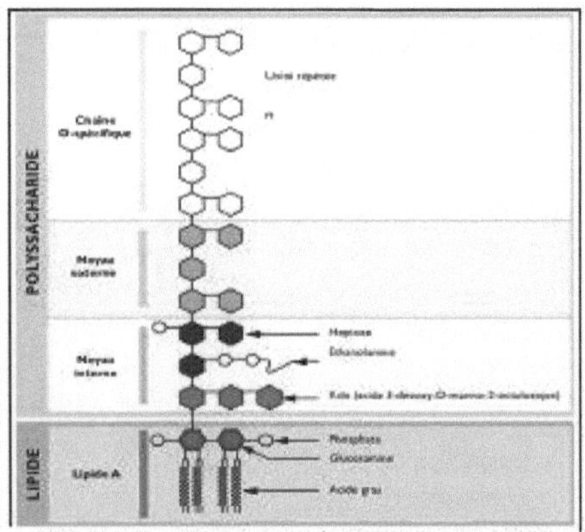

Figure 2 : Structure de l'endotoxine chez *Salmonella typhimurium*

O lípido A é a parte mais conservada da endotoxina. É responsável pela maior parte da atividade biológica da endotoxina, ou seja, pela sua toxicidade (Figura 2).

I.2 Exotoxinas

As exotoxinas são **proteínas solúveis** libertadas **no exterior da** célula. Tanto as bactérias Gram-positivas como as Gram-negativas produzem-nas.

São também toxinas que se propagam do local da infeção para outras partes do corpo, causando **danos extremos** ao hospedeiro através da destruição de células ou interferindo com o metabolismo celular normal.

I.3 Caracterização de endotoxinas e exotoxinas

Podem ser utilizados vários critérios para distinguir entre exotoxinas e endotoxinas (Quadro I).

Quadro I: Caraterísticas das endotoxinas e exotoxinas

Propriedades	Exotoxinas	Endotoxinas
Relação célula-toxina	Libertado principalmente no exterior da célula	Fazem parte da célula bacteriana
Origem	Bactérias Gram-positivas e Gram-negativas	Bactérias Gram-negativas
Ação do calor	Heat-labile (exceto enterotoxina estafilocócica)	Termoestável
Poder tóxico	Muito elevado	Moderado
Potência antigénica	Muito elevado	Baixa
Vacinar o poder	Muito elevado	Baixa
Transformação em toxinas	Sim	Não

II. Classificação clínica das toxinas

A classificação clínica ou epidemiológica é um método científico utilizado para classificar as toxinas em função da sua ação sobre uma variedade de células-alvo e em função das patologias associadas a estas moléculas.

II.1 Toxinas necróticas

As toxinas necróticas são toxinas produzidas por vários tipos de bactérias. São capazes de provocar infecções graves, como a **necrose**. A necrose é uma morte celular "desordenada" que afecta geralmente grupos de células. Veja-se, por exemplo, o caso da toxina dermo-necrótica (DNT) da *Bordetella pertussis*.

II.2 Toxinas neurotóxicas

As neurotoxinas são um grupo de toxinas cujos **efeitos altamente específicos no sistema nervoso** dos animais, incluindo os seres humanos, interferem com a transmissão de impulsos nervosos. Variam em termos de estrutura química e mecanismo de ação e produzem efeitos biológicos muito distintos.

As principais toxinas que actuam no sistema nervoso são **as toxinas clostridiais**: a neurotoxina do tétano (TeNT) e a neurotoxina botulínica (BoNT) são proteínas segregadas por bactérias anaeróbias do género *Clostridium*: *C. tetani* e *C. botulinum*. São **letais em doses muito baixas**, o que as torna as toxinas mais potentes conhecidas.

II.3 Toxinas hemolíticas

As hemolisinas bacterianas são substâncias capazes de **destruir os glóbulos vermelhos**. São certamente as toxinas mais fáceis de detetar, pois basta uma cultura em ágar sangue para observar os seus efeitos. Existem várias hemolisinas produzidas por muitos tipos de bactérias, incluindo as de *E. coli*; a toxina shiga, as hemolisinas α e β (Hly α e Hly β) e EHEC-hly (hemolisina de estirpes entero-hemorrágicas de *E. coli*), a hemolisina gama de *Staphylococcus aureus* e a toxina CyaA de *Bortedella pertussis*.

A síndrome hemolítico-urémica (SHU) é causada por uma infeção com a toxina shiga produzida por Shigella e estirpes entero-hemorrágicas de *E. coli*. Trata-se de uma doença rara com anemia hemolítica, trombocitopenia e insuficiência renal.

II.4. Toxinas leucoccidínicas

As leucocidinas são substâncias tóxicas produzidas por certas estirpes *de Staphylococcus* e *Streptococcus* que **destroem as células da linhagem leucocitária**. As leucotoxinas de *Staphylococcus aureus* são uma família de toxinas formadoras de poros cuja ação activadora e lítica é dirigida principalmente contra os leucócitos.

Em geral, cada toxina libertada por uma bactéria pode causar uma infeção, o que leva ao estabelecimento da relação **bactéria-toxina-doença**. O quadro seguinte ilustra alguns exemplos:

Quadro II: Exemplos da relação bactéria-toxina-doença

Toxina bacteriana	Bactérias produtoras	Doença
Toxina da cólera	*Vibrio cholerae*	Cólera
Toxina botulínica	*Clostridium. botulinum*	Botulismo
Toxina do tétano	*Clostridium tetani*	Tétano
Toxina de Shiga ou verotoxina	*Shigella* e *E. coli* entero-hemorrágica (EHEC; serótipo: O157:H7)	Síndrome uraémico hemolítico
Leucocidina de Panton-Valentine (PVL)	*Staphylococcus aureus*	Pneumonia e pneumonia nosocomial
Toxina diftérica (DT)	*Corynebacterium diphtheriae*	Difteria
Toxina RTX: hemolisina A	*Escherichia coli*	Cistite e pielonefrite no trato urinário inferior e superior, respetivamente

III. Classificação de acordo com o modo de ação das exotoxinas

As toxinas bacterianas são melhor classificadas de acordo com o seu modo de ação. Algumas toxinas actuam no exterior da célula, formando poros na membrana. Outras toxinas são capazes de induzir a translocação de um fragmento catalítico para o citoplasma.

III.1 Ação na membrana celular

Este grupo inclui toxinas com atividade na membrana citoplasmática de células eucarióticas: toxinas de bactérias Gram-negativas, também conhecidas como citotoxinas RTX *(Repeats in ToXins*), e citolisinas dependentes do colesterol (CDC).

III.1.1. Toxinas formadoras de poros de membrana da família RTX

As toxinas RTX são produzidas por uma série de bactérias Gram-negativas. A sua massa molecular varia entre 30 kDa e mais de 600 kDa, sendo as citotoxinas o grupo mais conhecido, principalmente devido à atividade hemolítica das hemolisinas. Uma caraterística básica desta grande família de toxinas é a presença de repetições ricas em glicina e aspartato. As toxinas RTX formam poros aquosos de diâmetros variáveis.

III.1.1.1. Exemplo de aerolisina

a. Definição

A aerolisina é uma toxina formadora de poros (PFT) segregada pela *Aeromonas hydrophila.* É a principal causa de patogenicidade desta bactéria Gram-negativa em anfíbios, peixes, répteis e mamíferos, incluindo o homem. Esta toxina é sintetizada no citoplasma da bactéria numa forma inativa denominada pré-pro-aerolisina.

b. Estrutura química

A aerolisina é uma proteína composta por 470 aminoácidos. É altamente hidrofílica, consiste principalmente em folhas β e está organizada em pelo menos três domínios.

c. Mecanismo de ação

A pré-pro-aerolisina tem uma sequência de sinalização clássica que é clivada ao atravessar a membrana citoplasmática da bactéria. A pró-aerolisina encontra-se no periplasma e depois atravessa a parede através de um mecanismo de exportação que ainda é pouco conhecido. Uma vez no meio extracelular, há várias etapas envolvidas na formação do poro pela aerolisina (Figura 3).

(1) O precursor hidrossolúvel da aerolisina, formando dímeros, pode difundir-se até à célula-alvo, onde reconhece com elevada afinidade o motivo glicosilfosfatidilinositol (GPI), que actua como recetor no lado exterior da membrana citoplasmática. (2) A ativação por clivagem proteolítica de um fragmento C-terminal da pro-aerolisina em aerolisina é conseguida por uma protease celular, a furina. (3) A aerolisina activada torna-se então suscetível de oligomerização (montagem). (4) A inserção dos canais de poro oligoméricos na bicamada lipídica segue-se à oligomerização (montagem sob a forma de heptamerização no caso da aerolisina) e, consequentemente, rompe a barreira de permeabilidade da membrana citoplasmática, conduzindo à lise osmótica da célula-alvo.

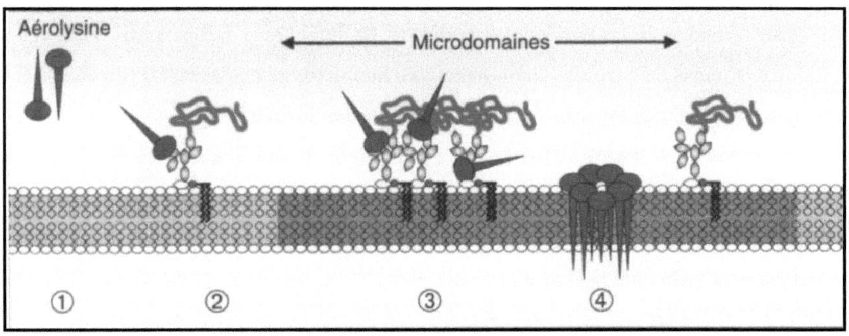

Figura 3: Conjunto de aerolisinas formando um poro.

d. Doenças causadas por *Aeromonas hydrophila*

As infecções humanas mais comuns causadas por *A. hydrophila* são infecções gastrointestinais, infecções cutâneas (celulite), infecções de feridas e tecidos moles e bacteriemia em indivíduos imunocomprometidos.

Os sintomas da infeção gastrointestinal vão desde a diarreia aquosa à diarreia disentérica ou sanguinolenta. A infeção crónica também é possível, e a diarreia intermitente persistente pode evoluir para uma infeção grave, por vezes meses após a infeção inicial.

A bactéria em questão também foi implicada como causa de peritonite, colangite, meningite, artrite séptica, osteomielite, miosite, infecções oculares, infecções do trato urinário, nefropatia, septicemia, pneumonia e colecistite aguda.

A. hydrophila é também o agente causador de uma série de doenças dos animais aquáticos, incluindo a doença potencialmente fatal da pata vermelha da rã, cujos sintomas são atribuídos às endotoxinas e hemolisinas produzidas pela bactéria.

III.1.2. Toxinas da família colesterol-dependente

As toxinas que interagem com o colesterol, também conhecidas como citolisinas dependentes do colesterol (CDC), formam uma grande família com mais de 20 membros. Estes factores de virulência são moléculas de 50-60 kDa produzidas por muitas bactérias Gram-positivas, em especial a perfringolisina de *Clostridium perfringens*, a estreptolisina O de *Streptococcus pyogenes*, a pneumolisina de *S. pneumoniae* e a listerolisina de *Listeria monocytogenes*. Têm um motivo de consenso carboxi-terminal de 11 aminoácidos, incluindo uma cisteína conservada. Oligomerizam-se na membrana para formar complexos de peso molecular muito elevado. Como o seu nome indica, as CDC necessitam da presença de colesterol para atuar. A escolha do colesterol entre os outros lípidos da membrana da célula hospedeira é importante, uma vez que garante que a toxina não pode ser prejudicial para as bactérias que a produzem, dado que as membranas bacterianas não têm colesterol. As CDCs são segregadas por bactérias patogénicas numa forma solúvel em água no meio extracelular como monómeros. Estes acabam por se ligar a um recetor na membrana contendo colesterol da célula alvo, onde se oligomerizam num ciclo de até 50 monómeros para formar poros muito grandes com 300 Å de diâmetro. Assim, a inserção de CDCs na membrana leva a alterações no fluxo de iões através de membranas danificadas até à lise celular.

III.1.2.1. Exemplo de listeriolissina

a. Definição

A Listeriolysin O (LLO) é uma proteína solúvel com um peso molecular de 56 kDa. É segregada *pela Listeria monocytogenes,* uma bactéria patogénica Gram-positiva envolvida numa infeção de origem alimentar conhecida como listeriose.

b. Estrutura cristalina

O LLO é uma molécula alongada em forma de bastonete com quatro domínios distintos, designados D1 a D4 (Figura 4). D1 tem uma dobra α / β com um folheto β de cinco cadeias e está rodeado por seis hélices □. D2 tem quatro cadeias β e forma um folheto β antiparalelo de três cadeias que liga D1 a D4. D3 é constituído por uma folha β antiparalela de cinco cadeias, rodeada por seis hélices α numa dobra α / β / □. D4 consiste em duas folhas β de quatro filamentos. Enquanto D1, D2 e D3 estão entrelaçados, D4 aparece como uma unidade de manutenção independente ligada a D2 através de uma glicina (G-417). O undecapeptídeo 483ECTGLAWEWWR493, que é altamente conservado entre os CDC, está localizado no lado de D4 oposto a D2.

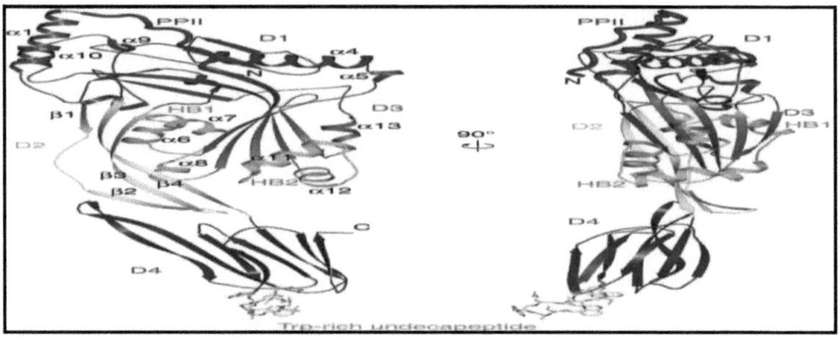

Figura 4: Representação da estrutura cristalina da listeriolisina O.
Os domínios individuais são apresentados em cores diferentes. A hélice PPII é apresentada a púrpura, D1 a vermelho, D2 a amarelo, D3 a verde e D4 a azul. Os feixes de hélices inseridos na membrana (HB1 e HB2) em D3 são apresentados a ciano. O undecapeptídeo rico em triptofano na ponta de D4 é mostrado como um modelo de haste em verde.

c. Mecanismo de ação

Os estudos mostram que a eficácia do LLO e o seu modo de ação como desregulador de membranas dependem muito da membrana, do teor de colesterol e do pH ambiental. O LLO é capaz de formar poros e causar danos nas membranas.

A toxina liga-se ao colesterol através de dois aminoácidos consecutivos, Thr-515 e Leu-516. Estes podem reconhecer o grupo OH do colesterol e o primeiro anel da sua estrutura de esterano. Por outras palavras, o par de resíduos "sensores de colesterol" pode permitir que a parte C-terminal do LLO monomérico solúvel detecte o colesterol na membrana plasmática da célula-alvo e promova o primeiro contacto toxina-membrana. O undecapeptídeo apolar é responsável pela inserção inicial do LLO na membrana da célula-alvo (Figura 5A).

Além disso, o colesterol ligado ao domínio C-terminal da toxina tem uma conformação linear estendida e não está inclinado nos monómeros LLO inseridos na membrana da célula hospedeira, pelo que a orientação da toxina permanece perpendicular ao plano da membrana, o que é necessário para a formação de um grande poro oligomérico. Esta construção requer a oligomerização de 36 monómeros de LLO que entram em contacto estreito graças à ligação Leu-461 e Trp-489 de dois monómeros justapostos (figura 5B).

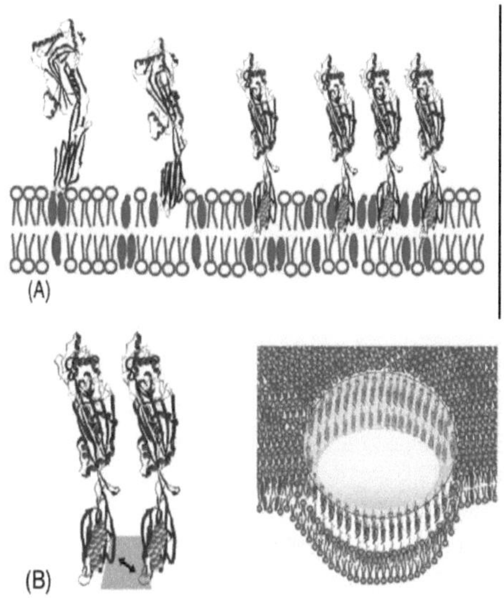

Figura 5: Inserção e formação de poros oligoméricos pela listeriolisina O.
(A): Inserção (da esquerda para a direita) de LLO no domínio rico em colesterol da membrana plasmática. Os lípidos são apresentados a verde e o colesterol a vermelho, mas as moléculas de colesterol ligadas à toxina são apresentadas a amarelo. O contacto inicial dos monómeros solúveis de LLO com a membrana é causado pela ligação superficial do "sensor" Thr-515/Leu-516 às partes acessíveis do colesterol. (B): Desenho esquemático de um anel formado por 36 monómeros de LLO. O processo de oligomerização envolve contactos estreitos entre Leu-461 e Trp-489 (seta) pertencentes a dois monómeros adjacentes.

d. Listeriose

A Listeria monocytogenes entra no corpo através do trato digestivo, através da ingestão de alimentos contaminados. Do intestino, a bactéria espalha-se para os gânglios linfáticos e depois para a corrente sanguínea. A bactéria multiplica-se no fígado e no baço, que são órgãos-alvo da bactéria. Na maioria dos casos, o sistema imunitário controla a infeção em indivíduos imunocompetentes que desenvolvem uma infeção inaparente. Nestes casos, foi descrita uma gastroenterite, com diarreia que ocorre algumas horas após a ingestão de alimentos contaminados e, normalmente, sem complicações neurológicas ou septicémia.

No entanto, se o inóculo for maciço ou em certos indivíduos debilitados, a infeção não é controlada no intestino, baço e fígado.

De facto, a bactéria adere às células-alvo através da internalina, que interage com a E-caderina, um recetor expresso em certas células (intestinais, etc.), induzindo a endocitose. O microrganismo **destrói a vesícula de endocitose** e entra no citoplasma por ação da listerolisina O e da fosfolipase C. No citoplasma, a bactéria polimeriza a actina, dando origem a cometas que a expulsam da célula, permitindo a sua **propagação** de uma célula para outra (Figura 6).

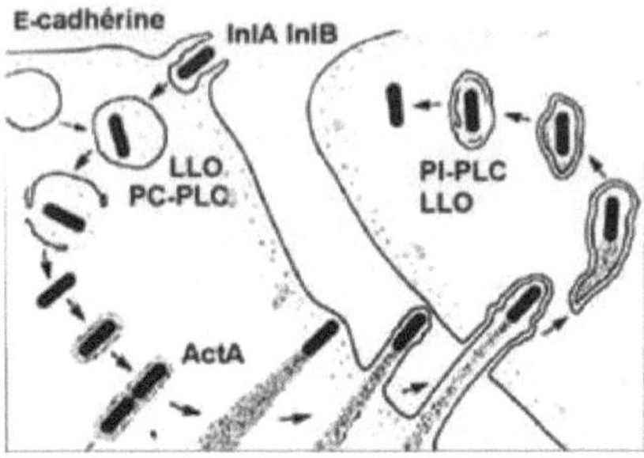

Figura 6: Criação de "cometas" de actina por *Listeria monocytogenes*
Act: actina; Inl: internalina; LLO: listeriolisina O; PLC: fosfolipase C

Uma vez libertada na corrente sanguínea, a bactéria provoca a **listeriose**, que é uma forma de **septicemia** com uma variedade de manifestações clínicas que ocorrem principalmente em pacientes frágeis (mulheres grávidas, pacientes imunocomprometidos submetidos a quimioterapia, pacientes com SIDA, pacientes com anomalias hepáticas, como cirrose ou hemocromatose, e certos indivíduos geneticamente predispostos).

Nas mulheres grávidas, por exemplo, *a Listeria monocytogenes* atinge a placenta e o sistema nervoso central, causando uma **infeção feto-placentária**. De facto, a partir do quinto mês de gravidez, a bactéria coloniza a placenta, formando numerosos granulomas inflamatórios, conduzindo a uma **corio-amniotite** e a uma infeção do feto *no útero* (90% dos casos), provocando uma meningoencefalite com febre, dor de cabeça, rigidez da nuca e paralisia dos nervos cranianos (rombencefalite). ème**A infeção feto-placentária** pode frequentemente conduzir a um **parto prematuro** após os 5 meses ou a **abortos espontâneos ou repetidos** antes dessa data.

A infeção materno-infantil manifesta-se por uma síndrome gripal com febre, arrepios, fadiga, dores de cabeça e mialgias que precede o parto em 2 a 14 dias ou mais.

Além disso, se o feto sobreviver à infeção *no útero*, o recém-nascido sofrerá de cianose, apneia, dificuldade respiratória, perturbações da consciência (apatia, convulsões) e pneumonia desde o nascimento.

Uma recaída febril com bacteriémia é frequentemente observada na mãe durante o parto.

Em menos de 10% dos casos, o recém-nascido é infetado no período perinatal ou durante o parto, sem infeção placentária. A criança nasce aparentemente saudável e a infeção surge 8 a 60 dias após o parto, com meningite purulenta, febre, insónia, irritabilidade e perturbações da consciência.

III.2 Ação intracelular

Este grupo inclui as toxinas com atividade intracelular, também conhecidas como toxinas AB. Estas toxinas estão geralmente organizadas em dois domínios: um domínio catalítico A, responsável pela atividade tóxica, e um domínio B, que permite a ligação à célula-alvo.

III.2.1. Toxinas que actuam sobre a proteína G

As proteínas G (GTP-binding) são uma família de proteínas homólogas que se acoplam aos seus efectores celulares. As proteínas G são compostas por três subunidades: a subunidade α (39 a 52 kDa), a subunidade β (35 e 36 kDa) e a subunidade γ (cerca de 5 a 8 kDa). siAs proteínas G podem ser divididas em diferentes grupos, sendo os mais estudados as proteínas G estimulatórias (G) e as proteínas G inibitórias (G).

As toxinas de ação da proteína G são toxinas que interagem com a proteína G como intermediários na transmissão da parte efectora da toxina do exterior para o interior da célula. +De facto, estas toxinas são enzimas ADP-ribosiltransferase que catalisam a transferência de ADP-ribose do NAD para a subunidade α da proteína G. Estas toxinas podem, por conseguinte, modificar covalentemente as subunidades α de certas proteínas G. sSão exemplos a toxina bacteriana do *Vibrio cholerae* (CT), que ativa a proteína G , e a da *Bordetella pertussis* (PTX), que inibe o acoplamento entre as proteínas G e os receptores que lhes estão associados.

III.2.1.1. Toxinas que actuam sobre a proteína Gs

III.2.1.1.1. Exemplo de toxina da cólera

a. Definição

A toxina da cólera (TC) produzida pela bactéria *Vibrio cholerae* é uma exotoxina, uma proteína tóxica excretada para o ambiente externo e composta por duas subunidades A e B. Estas são excretadas e montadas no periplasma e depois excretadas para o ambiente extracelular.

b. Estrutura química

A toxina da cólera é uma proteína de 84 kDa composta por cinco subunidades B (56 kDa, cada uma com 103 aminoácidos) e uma subunidade A (240 aminoácidos, 28 kDa). Esta última é constituída por duas fracções, A1 e A2, ligadas por uma ponte dissulfureto.

As subunidades A e B são codificadas pelos genes *ctxA* e *ctxB* localizados no mesmo operão sob o controlo do mesmo promotor.

c. Mecanismo de ação

A toxina da cólera exerce a sua atividade tóxica ligando-se, através das suas subunidades B, a um recetor de membrana específico (gangliosídeo GMi) na superfície do enterócito, mas também em numerosas outras linhas celulares (Figura 7).

Esta ligação induz a translocação rápida da subunidade enzimática A da toxina através da membrana. sA subunidade A1 catalisa a hidrólise do NAD e a transferência de parte desta molécula (ADP-ribose) para a subunidade reguladora (Gα) localizada na superfície interna da membrana plasmática.

Em resumo, a ADP-ribosilação desta proteína reguladora leva à ativação permanente da adenilato ciclase e à conversão descontrolada de ATP em cAMP. O aumento dos níveis intracelulares de AMPc provoca uma secreção ativa de cloro e inibe a reabsorção conjunta deste ião e do sódio pelo enterócito. Este mecanismo, que não é letal para a célula, conduz a uma saída passiva de água, causa da diarreia.

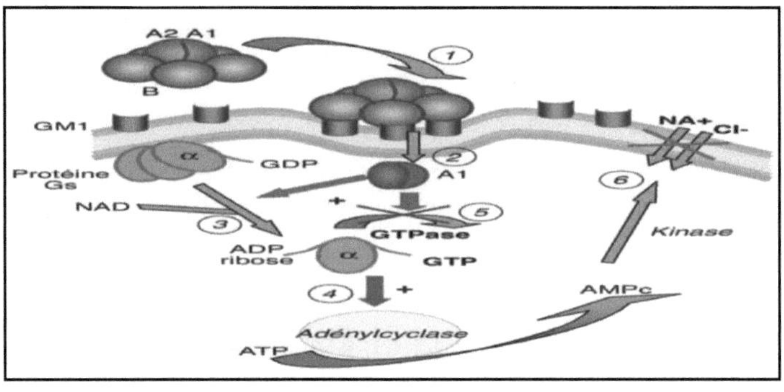

Figura 7: Atividade da toxina da cólera.

A toxina libertada no lúmen intestinal liga-se aos gangliosídeos GM1 na superfície das células epiteliais (1). Apenas a subunidade A1 penetra no interior da célula (2). Catalisa a transferência de ribose de adenosina difosfato (ADP) do nicotinamida adenina dinucleótido (NAD) para a subunidade α da proteína Gs. O difosfato de guanosina (GDP) é convertido em trifosfato de guanosina (GTP) (3). A combinação de α-ADP ribosilado e GTP é um potente ativador da adenilciclase (4). Além disso, a subunidade A1 inibe a atividade GTPase intrínseca natural da proteína Gs, impedindo o regresso à forma inativa da proteína Gs-GDP (5). +-A ativação da adenilciclase leva à produção de uma grande quantidade de monofosfato de adenosina cíclico (AMPc), que é responsável, através da quinase, pela interrupção da reabsorção dos iões Na e Cl (6).

d. Cólera

A cólera é uma síndrome clínica que se manifesta sob a forma de epidemias que afectam os países em desenvolvimento e, mais especificamente, as populações mais pobres e vulneráveis.

A cólera é causada pela ingestão de alimentos ou água contaminados com uma dose infecciosa de *Vibrio cholerae.* Após a ingestão, as bactérias passam através do estômago para o intestino delgado. Em seguida, fixam-se às células da mucosa intestinal e produzem a toxina da cólera. Isto conduz à **cólera**, caracterizada pelo aparecimento de uma diarreia aguda abundante e aquosa sob a forma de "água de arroz" (Figura 8).

Se não for tratada rapidamente, a doença pode levar a desidratação aguda, colapso circulatório, insuficiência renal e morte.

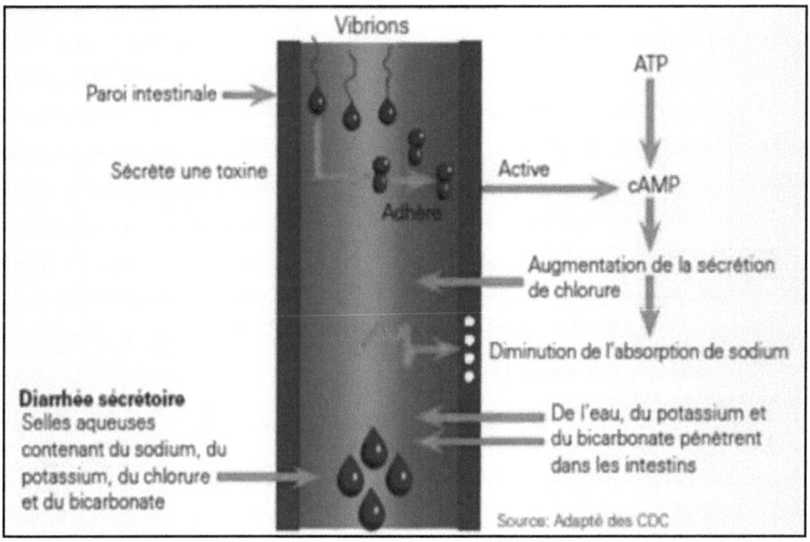

Figura 8: Fisiopatologia da cólera.

III.2.1.2. Toxinas que actuam sobre a proteína Gi

III.2.1.2.1. Exemplo de PTX

a. Definição

A toxina da tosse convulsa (PTX) é produzida pela *Bortedella pertussis* (*B. pertussis*) e pertence à família das exotoxinas bacterianas com uma função de ADP-ribosilação.

b. Estrutura cristalina

A sua estrutura foi determinada em 1994. De facto, trata-se de uma toxina ADP-ribosilante complexa, composta por seis subunidades diferentes (figura 9) e disposta na arquitetura A-B. O protómero A é constituído por uma única subunidade S1, enquanto o oligómero B é composto por subunidades S2, S3, S5 e duas subunidades S4. O protómero A catalisa a ADP-ribosilação de um resíduo de cisteína na subunidade α da subfamília de proteínas heterotriméricas Gi, enquanto o oligómero B é responsável pela ligação a receptores específicos da superfície celular e pela libertação do protómero A nas células receptoras.

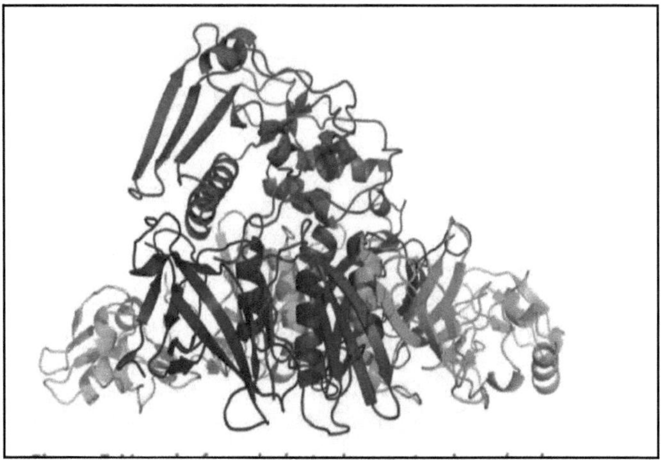

Figura 9: Vista frontal da toxina da tosse convulsa.
Em vermelho a subunidade S1, em verde S2, em ciano S3, em azul as duas subunidades S4 e em violeta S5.

c. Mecanismo de ação

Após a ligação da PTX a um recetor da célula hospedeira através das subunidades S2 e S3 do oligómero B, o protómero A (subunidade S1) penetra na membrana e separa-se do oligómero B no citoplasma. Uma vez no interior da célula, o domínio A ribosiliza proteínas-alvo específicas, como a subunidade α das proteínas Gi heterotriméricas, através da sua atividade de ADP-ribosiltransferase. +A PTX catalisa a clivagem da ligação C-N entre o átomo de carbono da ribose e o átomo de azoto da nicotinamida e transfere a fração ADP-ribosil do nicotinamida adenina dinucleótido (NAD) para uma molécula aceitadora na proteína alvo. ¡No caso da PTX, a ADP-ribosilação das proteínas Gα impede o acoplamento aos seus receptores acoplados à proteína G (GPCR), interrompendo assim a cascata de transdução de sinal.
¡O desacoplamento do GPCR das proteínas Gα conduz a uma perturbação da comunicação entre o recetor e a molécula efectora, a adenilatociclase (AC). ¡Em consequência, a proteína Gα

é inactivada e deixa de poder desempenhar a sua função normal de inibição da AC. ¡Deste modo, impede o sinal do GPCR. Consequentemente, a conversão de ATP em AMPc não pode ser interrompida, o que leva a níveis excessivos de AMPc intracelular e à subsequente perturbação de muitos processos celulares, como se mostra na Figura 10.

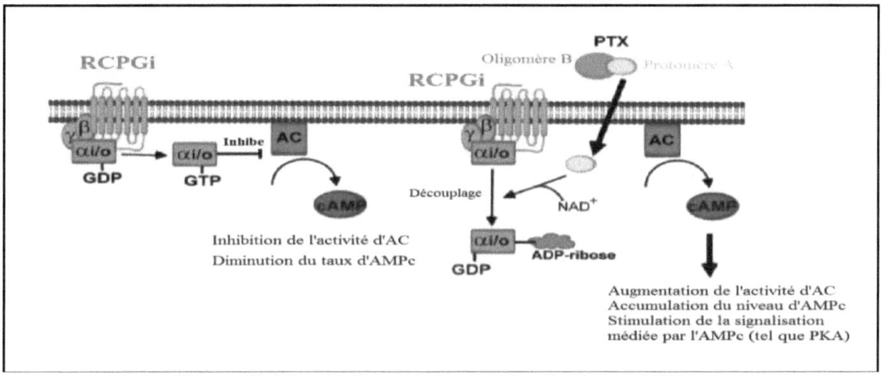

¡Figura 10: Desacoplamento da proteína Gα do seu GPCR.

d. Tosse convulsa

A tosse convulsa é uma infeção bacteriana do trato respiratório inferior com pouca ou nenhuma febre, mas com uma evolução longa e altamente contagiosa, causada pelo PTX produzido pela bactéria *B. pertussis*.

A primeira fase é a colonização. Após a inalação, *a B. pertussis* instala-se na traqueia ou nos brônquios e fixa-se às células ciliadas da traqueia através de adesinas (mais precisamente, aos cílios vibratórios, provocando a sua paralisia). Durante esta fase, a gravidade e a duração da doença podem ser reduzidas através de um tratamento antimicrobiano precoce.

A segunda fase é a fase tóxica. Os sintomas são o resultado da interação do microrganismo com o sistema imunitário do hospedeiro. As bactérias multiplicam-se fora dos tecidos e sintetizam toxinas que actuam em conjunto para destruir as células ciliadas, provocando uma acumulação de muco. Estas toxinas actuam também a nível sistémico, provocando um aumento dos linfócitos. Durante esta fase, a infeção *por B. pertussis* torna-se difícil de controlar com agentes antimicrobianos.

III.2.2. Toxinas que actuam sobre as proteínas Rho

III.2.2.1 Visão geral das proteínas Rho

As proteínas Rho pertencem à pequena superfamília GTPase-Ras, a mais conhecida das quais é a RhoA.

Existem duas conformações distintas das proteínas Rho, uma **ativa que se** liga ao GTP e outra **inativa** que se liga ao GDP. A mudança de configuração é regulada pelas proteínas **GEF** (GTPase Exchange Factors), que são factores de troca que promovem a dissociação do GDP e a ligação do GTP à proteína Rho, e pelas proteínas **GDI** (GDP Dissociation Inhibitor) e **GAP** (GTPase Activiting Protein), que promovem o retorno das proteínas Rho ao seu estado inativo (Figura 11).

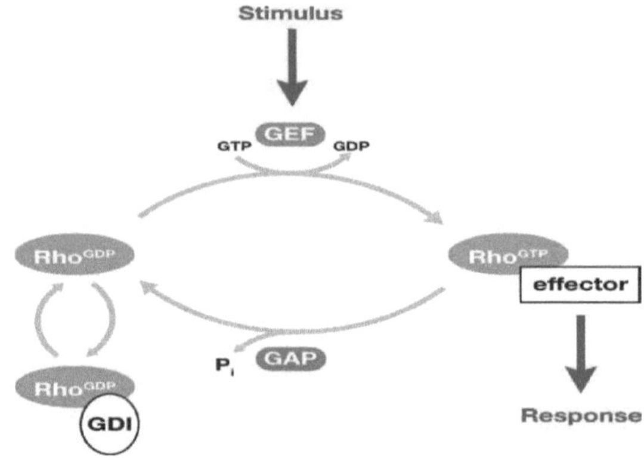

Figura 11: Ciclo da proteína Rho

No estado basal, a proteína RhoA na forma GDP está associada ao fator citosólico Rho-GDI.
A RhoA é convertida para a forma GTP por factores de troca GEF. Na sua forma GTP, a proteína é capaz de interagir com os seus efectores.
As pequenas células Rho regressam ao seu estado basal através da hidrólise do GTP em GDP, devido à sua atividade GTPase intrínseca estimulada pelas proteínas GAP.

A proteína Rho está envolvida no controlo da organização do citoesqueleto de actina. De facto, a Rho activada parece ter dois alvos principais: uma serina/treonina quinase denominada Rho quinase e uma quinase que transforma o fosfatidil inositol-4-fosfato por fosforilação (na posição 5 do inositol) em PI-4,5-P ou PIP2. Ao modular estas duas actividades, a Rho pode reorganizar o citoesqueleto de actina da seguinte forma:

A ação da Rho-quinase provoca a fosforilação da cadeia leve das miosinas de tipo 2, permitindo que estas moléculas se associem às fibras de actina e provoquem assim a contração. Ao aumentar a concentração de PIP2, parece que a Rho pode induzir a polimerização da actina. Esta segunda atividade de Rho consiste em expulsar proteínas (formin) conhecidas como proteínas "*capping*" associadas à extremidade "barbuda" das fibras de actina, onde são adicionadas novas subunidades de actina (Figura 12). Através destas duas actividades, a Rho permite alargar a superfície celular através da polimerização das fibras de actina na periferia da célula.

Figura 12: Adição de novas moléculas de actina a um filamento de actina
A Rho ativa a formin para promover o alongamento linear dos filamentos nas extremidades farpadas. A profilina é uma proteína de ligação à actina envolvida na renovação e reconstrução dinâmica do citoesqueleto de actina. Catalisa a troca de ADP por ATP necessária à polimerização da actina. De facto, os monómeros de actina têm de ser recarregados com ATP antes de se poderem juntar ao filamento em crescimento.

A Rho também provoca a formação de pontos de adesão, que são os locais onde a célula se ancora à matriz extracelular através de integrinas. Esta ancoragem das integrinas à matriz extracelular é um passo essencial na geração de sinais intracelulares que conduzem à multiplicação ou diferenciação celular.

A exoenzima C3 *de Clostridium botulinun* e o fator de necrose citotóxica (CNFl) *de Escherichia coli* são duas toxinas com efeitos opostos na proteína Rho. Enquanto a primeira inibe a Rho, a segunda ativa-a permanentemente.

III.2.2.2 Toxinas que inibem a ligação da Rho aos seus efectores

III.2.2.2.1. Exemplo de exotoxina de C3bot

a. Definição

A exotoxina C3 *do Clostridium botulinum* (C3bot) não é uma verdadeira toxina, mas apenas a fração enzimática de 25 kDa de uma toxina. Esta fração inibe a atividade de Rho, transferindo uma porção de ADP ribose do NAD para pequenas Rho GTPases. Trata-se, portanto, de uma ADP-ribosiltransferase.

b. Estrutura química

A exotoxina C3bot é uma proteína de 25 kDa com uma única cadeia de 251 aminoácidos que contém o local de ADP-ribosilação. A função catalítica e o reconhecimento do substrato são mediados pelo motivo de viragem ARTT. Um núcleo de estrutura β conservada é montado juntando β5 a β6, que ancora o motivo ARTT. O local de ligação ao

NAD na estrutura C3bot é flanqueado por um núcleo de folha β e uma hélice α3 (Figura 13).

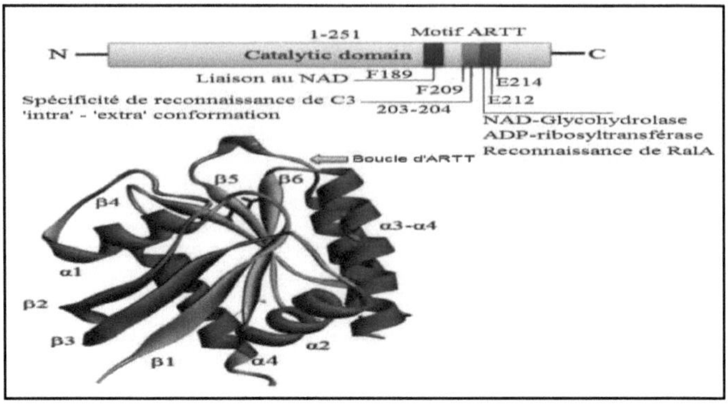

Figura 13: Estrutura e função da toxina C3 *de C. botulinum*.

c. Mecanismo de ação

A exoenzima C3 de *C. botulinum* é responsável pela inativação de membros da família Rho GTPase envolvidos na reorganização do citoesqueleto de actina.

De facto, o C3bot tem um papel fisiopatológico potencial nas células imunitárias, mais especificamente nos monócitos e macrófagos. Entra no citosol destas células através de um mecanismo endocítico específico. A enzima C3bot mono-ADP-ribosiliza especificamente as isoformas Rho na asparagina-41 e prefere a Rho-GDP como substrato, porque nesta estrutura, a Asn-41 é acessível ao C3bot.

Como resultado, a Rho-GDP ribosilada com ADP liga-se mais eficientemente à GDI, que aprisiona a Rho em complexos Rho-GDI no citosol. Isto impede a translocação da Rho citosólica para a membrana citoplasmática e, consequentemente, inibe a sua ativação em Rho-GTP, bem como a subsequente ativação das várias moléculas celulares Rho-efectoras envolvidas em muitos fenómenos celulares.

Por exemplo, o C3 bloqueia a entrada da célula no ciclo celular e a desorganização das fibras de actina (figura 14), que é a consequência mais espetacular da intoxicação pela exoenzima C3 *do Clostridium botulinum.*

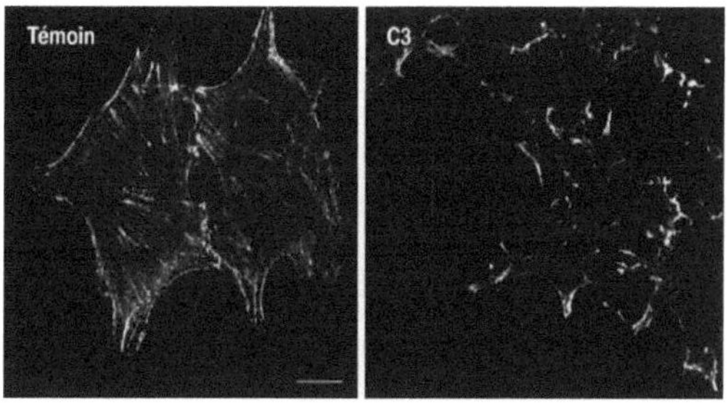

Figura 14: Efeito da exoenzima C3 *de Clostridium botulinum* que inibe a proteína Rho no citoesqueleto de actina.
A marcação com faloidina fluorescente proporciona uma visão particularmente clara das alterações no citoesqueleto de actina induzidas pela exoenzima C3 (barra: 10 μm).

III.2.2.3 Toxinas que activam a ligação da Rho aos seus efectores

III.2.2.3.1. Exemplo de toxina CNFl

a. Definição

O fator necrosante citotóxico (CNF) é uma toxina produzida por determinadas estirpes de *Escherichia coli* uropatogénica e enteropatogénica. A toxina tem uma atividade catalítica específica do tipo desamidase.

b. Estrutura química

O fator necrosante citotóxico (CNFl) é uma proteína de 110 kDa. A toxina tem três domínios: um domínio catalítico, um domínio de ligação celular e um domínio de translocação membranar (Figura 15).

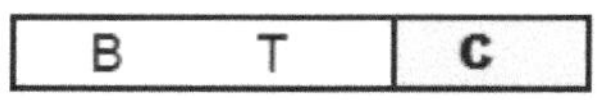

Figura 15: Estrutura da toxina CNF1
B: domínio de ligação às células; T: domínio de translocação para a membrana; C: domínio catalítico que provoca a desamidação da glutamina 63 do Rho GTP ases.

c. Mecanismo de ação

Uma vez libertada pela bactéria, a toxina CNF1 liga-se a um recetor numa célula hospedeira uroepitelial (1) e é então endocitada (2 + 3). A toxina é transferida para um compartimento endossómico de pH baixo (4) onde o domínio catalítico é injetado no citosol (translocação) (5). De facto, a CNFl tem uma atividade catalítica do tipo desamidase específica para a glutamina 63 da Rho (6). Ao desamidar a glutamina 63 em ácido glutâmico, o CNFl provoca uma mutação na Rho, que a ativa permanentemente (Figura 16). A proteína Rho perde a sua atividade de GTPase tanto no estado basal como quando estimulada por GAP. Por outras palavras, sob o efeito do CNF1, a Rho perde a sua capacidade de hidrolisar o GTP em GDP, quer isoladamente, quer com a ajuda do GAP, que fica bloqueado. Por conseguinte, diz-se que a Rho é dominante positiva, sem necessidade de interação com o seu fator de troca.

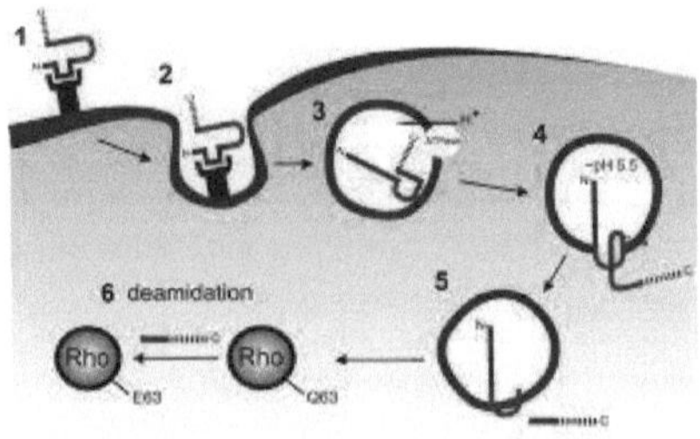

Figura 16: Modo de ação do CNF1

Por conseguinte, o CNFl exerce sobre as células efeitos diametralmente opostos aos do C3 (quadro III). Incontestavelmente, nas células que lhe são sensíveis, provoca um aumento do número de fibras de tensão (feixes contrácteis de actina) e o aparecimento de uma remodelação do citoesqueleto de actina. Desta forma, induz uma multiplicação dos pontos focais de adesão (figura 17). Provoca também um grande aumento da atividade endocelular da PI-4, 5-P quinase, bem como a proliferação celular e a fosforilação das proteínas FAK (*quinase de adesão focal*) e paxilina localizadas nos pontos de adesão.

Quadro III: Atividade celular de C3 e CNF1

Atividade celular	C3	CNF1
Fibras de tensão de actina	Desorganização	Organização
Pontos focais de adesão	Desaparecimento	Formação
p125 FAK	Desfosforilação	Fosforilação
Paxilina	Desfosforilação	Fosforilação
Cadeia leve da miosina 2	Desfosforilação	Fosforilação
Contração do músculo liso	Inibição	Ativação
Pinocitose	Inibição	Ativação
Síntese de ADN	Inibição	Ativação
Entrada na fase S do ciclo celular	Bloqueio	Ativação
Ação sobre Rho	Inibição	Ativação
Atividade enzimática em Rho	ADP-ribosilação	Desamidação
Resíduo Rho modificado	Asparagina 41	Glutamina 63

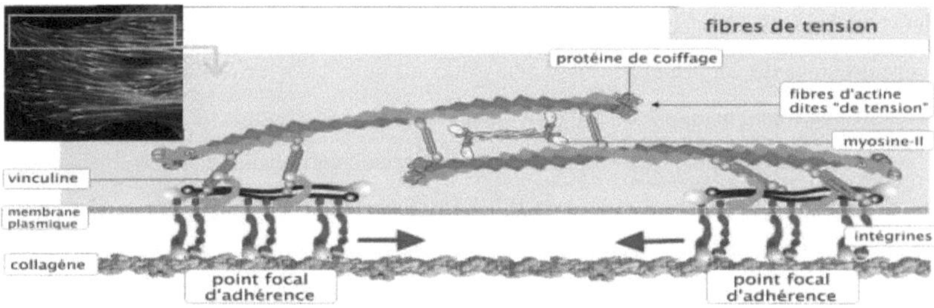

Figura 17: Fibras de tração

III.2.3. Toxinas que actuam sobre a síntese proteica

As várias fases da síntese proteica envolvem um grande número de intervenientes moleculares, incluindo o ARN mensageiro (ARNm), os ribossomas, o ARN de transferência (ARNt), as sintetases e os factores de tradução. Estes actores são sucessivamente chamados durante as três fases principais da tradução: iniciação, alongamento e terminação. A síntese proteica pode ser afetada por certas toxinas bacterianas, como a toxina da difteria, que bloqueia a atividade do fator de alongamento 2, e as toxinas Shiga, que actuam sobre o ARN ribossómico 28S.

III.2.3.1. Ação sobre o fator de alongamento 2

Os factores de alongamento da tradução são os cavalos de batalha da síntese proteica no ribossoma. O fator de alongamento eucariótico 2 (eFE-2) é uma proteína de 100 kDa que facilita o movimento do complexo peptidil-RNAt-RNAm do sítio A do ribossoma para o sítio P durante a síntese proteica. É também responsável pelo passo de translocação do ribossoma dependente de GTP. A FE2 catalisa a hidrólise do GTP necessária para o movimento do ribossoma no ARNm, permitindo a síntese proteica.
Na posição 699 da sua sequência peptídica, o FE-2 contém igualmente um resíduo de diftamida (2-[3-carboxiamido-3-(trimetilamnio)propil]histidina).

III.2.3.1.1. Exemplo de toxina diftérica

a. Definição

A toxina da difteria (DT) é uma das toxinas bacterianas mais estudadas, segregada por estirpes tóxicas da bactéria *Corynebacterium diphtheriae* lisogenizadas com um fago portador do gene DT. Esta toxina é responsável pelos principais sintomas e mortalidade da difteria.

b. Estrutura química

A DT é uma molécula grande de 62 kDa. É sintetizada como uma única cadeia polipeptídica de 560 aminoácidos, codificada pelo gene *tox* transportado por uma família de corinebacteriófagos, sob o controlo de um promotor *P-tox*.

Um péptido sinal de 25 aminoácidos é removido durante a secreção através da membrana plasmática bacteriana, resultando numa toxina proteica de 535 aminoácidos. Mas na sua forma ativa, é proteolisada em duas cadeias polipeptídicas ligadas por uma ligação dissulfureto (figura 18). O fragmento C-terminal "fragmento B" (345 resíduos, 38 kDa) contém os domínios de ligação transmembranar (T) e recetor (R), facilitando assim a penetração do fragmento A. O fragmento N-terminal "fragmento A" (190 resíduos, 24 kDa) é termoestável a 100°C, estável a variações de pH e à ação de enzimas proteolíticas, e contém o domínio catalítico (C).

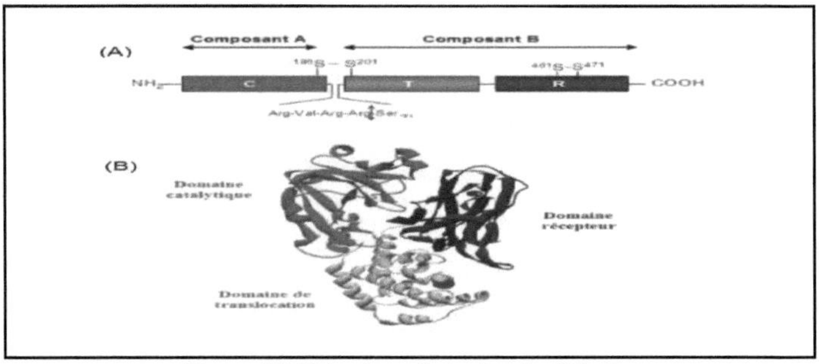

Figura 18: Estrutura da toxina da difteria.
(A): Representação esquemática dos três domínios estruturais da DT. O local de clivagem da furina entre os fragmentos A e B está representado por uma seta. (B): Estrutura tridimensional da DT.

c. Mecanismo de ação

A DT é uma ADP ribosil transferase ativamente dirigida contra o fator de alongamento da tradução 2 (FE2). Através de uma reação de ADP-ribosilação do FE2, a DT inibe a síntese proteica (Figura 19). Este processo tem lugar em duas fases principais:

❖ *Translocação e ativação*

Quando uma célula é envenenada, o DT liga-se ao seu recetor na superfície celular através do domínio R. A alça entre Cyc-186 e Cyc-201 é então clivada pela furina, uma protease celular. O DT é então endocitado. A acidificação do endossoma provoca uma alteração conformacional importante que permite que as hélices α do domínio T penetrem na membrana endossómica, formando um canal para a translocação do fragmento A para o citosol. Na sua forma inserida na membrana, o domínio T interage parcialmente com o domínio C, facilitando o seu desdobramento durante a translocação. O domínio C passa então para o citosol através de factores citosólicos, onde é reestruturado na sua forma ativa, sendo depois libertado por redução da ponte dissulfureto.

❖ *Atividade catalítica*

+O sítio catalítico do domínio C-carrier de uma atividade de ADP-ribosil-transferase fica livre e, consequentemente, visa o cofator NAD . +Como resultado, His-21 e Tyr-65 do sítio catalítico estão envolvidos na ligação ao NAD , e Glu-148 desempenha um papel fundamental na catálise, transferindo uma molécula de ADP ribosilado para um resíduo de diftamida do EF-2 translacional. A ribosilação do ADP neste resíduo leva a uma paragem da síntese proteica e à consequente morte celular (necrose).

A ADP-ribosilação da FE-2 é irreversível. Nenhum mecanismo endógeno é capaz de restaurar a função da FE-2. A ausência de um mecanismo de reparação dos danos causados pelo domínio C está provavelmente na origem da toxicidade extrema da DT.

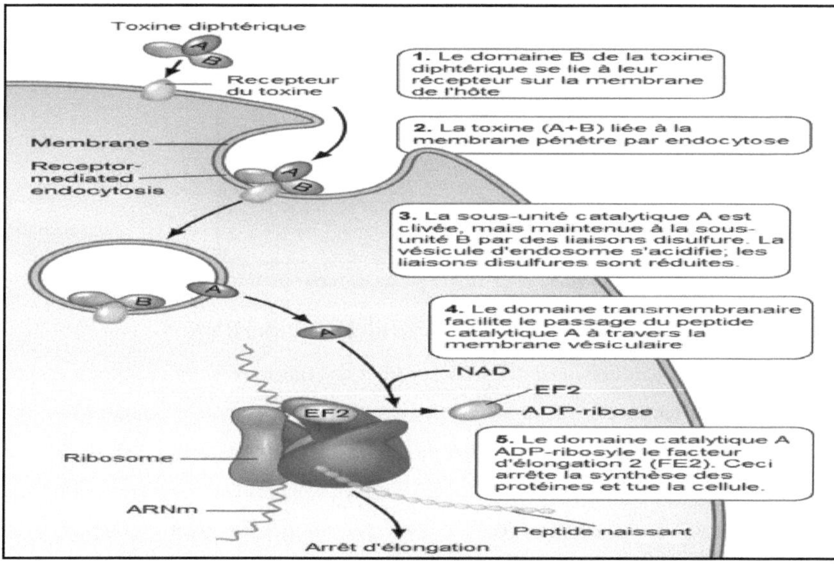

Figura 19: Representação esquemática do modo de ação da toxina da difteria.

d. Difteria

A difteria é uma infeção causada pela bactéria *C. diphtheriae*. Os sinais e sintomas aparecem geralmente 2 a 5 dias após a exposição e variam em gravidade de ligeiros a graves. Os sintomas aparecem frequentemente de forma gradual, começando com uma dor de garganta e febre. Nos casos graves, a bactéria produz a toxina da difteria, que na maioria das vezes causa uma mancha espessa cinzenta ou branca na parte de trás da garganta: faringite membranosa (Figura 20). Esta mancha pode bloquear as vias respiratórias, dificultando a respiração ou a deglutição, e pode também provocar uma tosse seca. O pescoço pode inchar, em parte devido ao inchaço dos gânglios linfáticos.

A toxina pode também entrar na corrente sanguínea, provocando complicações como inflamação, lesões do músculo cardíaco, inflamação dos nervos, problemas renais e problemas de hemorragia devido à baixa contagem de plaquetas no sangue. Os danos no músculo cardíaco podem levar a um ritmo cardíaco anormal e a inflamação dos nervos pode causar paralisia.

É transmitida por via aérea através do contacto direto com os doentes.

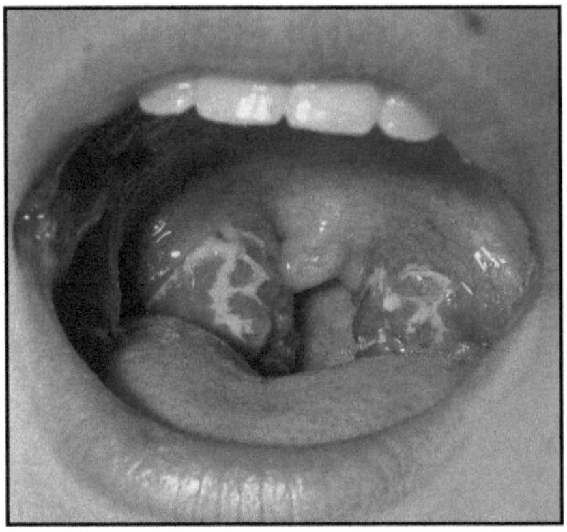

Figura 20: Patogénese da difteria: pseudomembrana faríngea.

III.2.3.2. Ação ao nível do 28S rRNA

Os rRNAs são os componentes predominantes dos ribossomas nos eucariotas. Existem quatro rRNAs diferentes: 5S, 18S, 5.8S e 28S, derivados de um precursor comum 45S e 5S. Os genes que codificam estes rRNAs são designados rDNAs. Os genes 18S, 5.8S e 28S encontram-se na mesma unidade de transcrição do rDNA 45S presente como uma repetição em tandem num genoma, enquanto os genes 5S estão organizados em grupos de repetições em tandem separados por pequenos espaçadores não transcritos.

O rRNA 28S humano tem 5025 pares de bases. Juntamente com o 5S rRNA, o 5.8S rRNA e cerca de 45 proteínas, é o principal componente da grande subunidade 60S dos ribossomas eucarióticos.

III.2.3.2.1 Exemplo de Shiga-toxina 1

a. Definição

As toxinas de Shiga (Stxs) ou verotoxinas são um grupo de proteínas AB5 bacterianas de cerca de 70 kDa que inibem a síntese proteica nas células eucarióticas. As Stxs inibem a síntese proteica removendo um resíduo de adenina do 28S rRNA do ribossoma 60S. A Stx1 é uma das toxinas bacterianas mais potentes conhecidas, produzida pela *Shigella dysenteriae* 1 e por certos serótipos de *E. coli*. Para além da Stx1, certas estirpes *de E. coli* produzem um segundo tipo de Stx: a Stx2.

b. Estrutura química

As Stx1 são toxinas do tipo AB, constituídas por uma subunidade A responsável pela atividade tóxica (293 aminoácidos sensíveis à tripsina na região "aa-248-251"), que é clivada assimetricamente para dar origem a duas subunidades A1 e A2 ligadas por uma ponte dissulfureto, e por cinco subunidades B idênticas (cada uma com 69 aminoácidos) (figura 21) que permitem à toxina ligar-se ao seu recetor glicolípido específico; globotriaosilceramida (Gb3), um componente da membrana das células endoteliais.

Os genes para estas subunidades estão localizados no mesmo operão, com o gene para a subunidade A no lado 5' do gene para a subunidade B. Este operão encontra-se geralmente na sequência de um bacteriófago induzível, lisogénico e do tipo lambda.

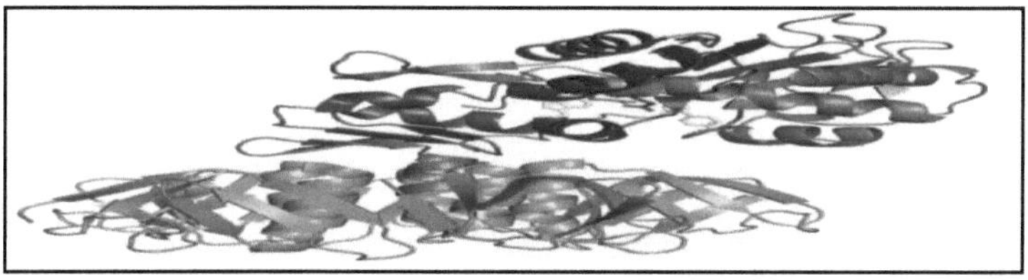

Figura 21: Estrutura cristalina da Shiga-toxina 1.
[2]O pentâmero B é apresentado a laranja e o A a azul. [1]A maior parte de A está representada a verde, com exceção da região que interage com o ribossoma, que está representada a roxo. O resíduo ativo 167 é vermelho e outro local ativo nas cadeias laterais é azul claro.

c. Mecanismo de ação

Na primeira fase, a toxina Stx1 liga-se à membrana citoplasmática da célula-alvo: as subunidades B, reunidas em anel, ligam-se ao seu recetor, a globotriosilceramida Gb3. Uma vez internalizada pelo mecanismo clássico de endocitose, a toxina é objeto de um transporte retrógrado através do aparelho de Golgi e, em seguida, do retículo endoplasmático. A subunidade A é então dividida em duas partes, A1 e A2. A parte A1 tem atividade de N-glicosidase que actua no ARNm 28S da subunidade 60S do ribossoma, levando à excisão de uma adenina na posição 4324. Esta depurinação provoca a inativação do ribossoma e a cessação da síntese proteica (Figura 22). A toxina (e em particular as subunidades B) pode induzir a produção de citocinas.

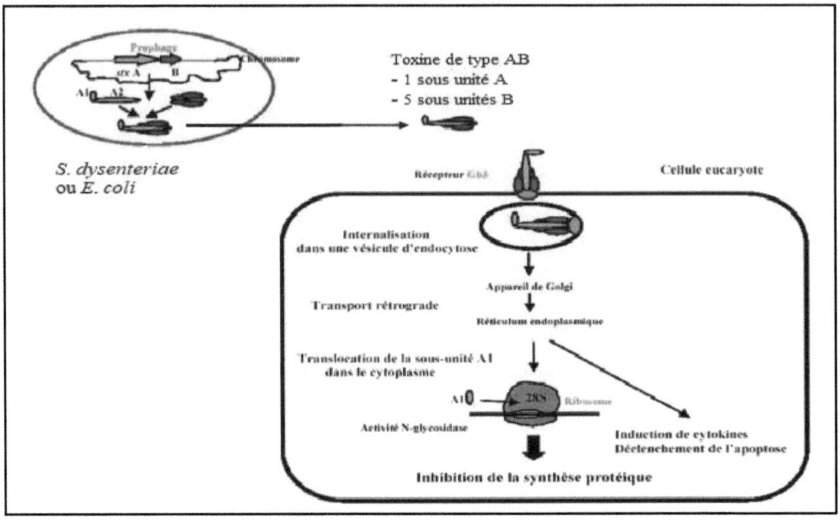

Figura 22: Modo de ação das toxinas de shiga.
Após a ligação da toxina ao recetor Gb3, a internalização, o transporte retrógrado e a translocação, a atividade da N-glicosidase da subunidade A1 no ARNm 28S conduz à inibição total da síntese proteica.

d. Patologias causadas por Stx

Depois de atravessarem o epitélio intestinal, as toxinas são capazes de se difundir sistemicamente e de serem transportadas para os órgãos-alvo pela corrente sanguínea, quer através dos glóbulos vermelhos quer através das células polinucleares. Pensa-se que são responsáveis pela trombose observada durante os ataques locais e sistémicos, através de danos nas células endoteliais. As células endoteliais vasculares humanas do cólon, do parênquima renal e do sistema nervoso central são particularmente ricas em receptores Gb3, o que explica as manifestações clínicas observadas (diarreia, insuficiência renal, perturbações neurológicas). Foi demonstrado um papel sinérgico da Stx e das citocinas: a Stx induz a produção de citocinas pró-inflamatórias. Esta indução poderia levar ao desenvolvimento de lesões na barreira intestinal, resultando na disseminação sistémica de toxinas e promovendo o desenvolvimento da síndrome uraémica hemolítica.

III.2.4. Ação no sistema nervoso

O sistema nervoso é o centro de regulação e comunicação do organismo e divide-se em duas partes principais: o sistema nervoso central (SNC) e o sistema nervoso periférico (SNP). As células nervosas são as unidades funcionais do sistema nervoso, estimando-se que existam cerca de 10 mil milhões.

III.2.4.1 Ação por clivagem das proteínas SNARE

As SNARE (Soluble N-ethylmaleinamid-sensitive fator Attachment protein Recetor) são proteínas que controlam a fusão das vesículas sinápticas com a membrana plasmática das terminações nervosas. Actuam como etiquetas que permitem o reconhecimento mútuo e desencadeiam a fusão entre a vesícula e a membrana alvo. Formam assim o complexo de fusão pré-sináptica e participam na exocitose dependente de cálcio dos neurotransmissores na fenda sináptica.

Estes SNARE pré-sinápticos são constituídos pela sintaxina 1, pela SNAP-25 na membrana plasmática e pela VAMP 2 (sinaptobrevina) na vesícula sináptica. Sem dúvida, a estrutura cristalográfica do complexo SNARE sugere que a sua montagem aproxima as membranas vesicular e plasmática, favorecendo a mistura das bicamadas e a fusão.

As SNARE são também substratos para as neurotoxinas botulínicas e tetânicas, que são potentes inibidores da exocitose.

III.2.4.1.1. Exemplo de toxina botulínica A

a. Definição

As neurotoxinas botulínicas (BoNT), designadas A, B, C, D, E, F e G de acordo com as suas propriedades antigénicas, são produzidas por várias espécies de *Clostridium.* As bactérias pertencentes a este género são bacilos anaeróbios estritos, formadores de esporos. Trata-se de metaloproteases que clivam uma das três proteínas dos complexos SNARE que desempenham um papel fundamental no processo de neuroexocitose, inibindo assim a libertação de acetilcolina nas junções neuromusculares.

b. Estrutura química

A toxina botulínica de tipo A é sintetizada naturalmente como uma proteína de cadeia dupla com cerca de 1300 aminoácidos (150 kDa). É activada por clivagem proteolítica, que gera uma cadeia leve e uma cadeia pesada que estão unidas por uma ponte dissulfureto chamada cinto (Figura 23) . A cadeia leve (50 kDa) é o domínio catalítico da toxina e tem uma função de endopeptidase dependente do zinco, enquanto a cadeia pesada (100 kDa) é constituída por um domínio de translocação e um domínio carboxi-terminal que serve de domínio de ligação ao recetor. A estrutura cristalográfica da proteína mostrou que os três domínios formam unidades estruturais distintas.

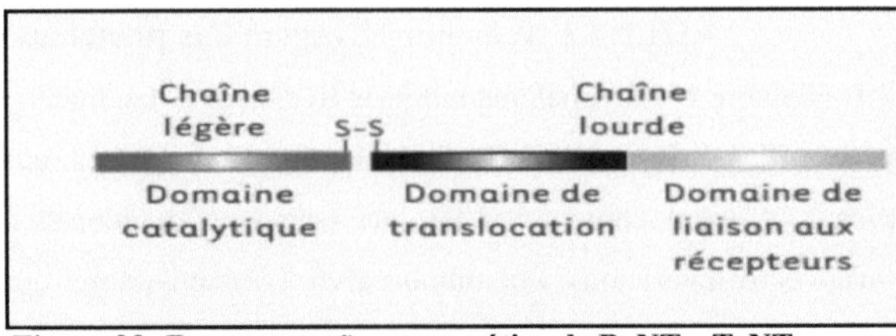

Figura 23: Representação esquemática de BoNT e TeNT.

c. Mecanismo de ação

O modo de ação molecular das BoNTs, que bloqueiam a libertação de neurotransmissores dos neurónios afectados, envolve quatro etapas:

- ***Ligação a um recetor*** :

As BoNT passam pelo trato digestivo, atravessam a barreira intestinal através de um mecanismo ainda mal compreendido e difundem-se através do sangue e/ou da linfa para os neurónios motores colinérgicos, onde se ligam a receptores na superfície dos neurónios através do seu domínio de ligação localizado na parte C-terminal da sua cadeia pesada (Figura 24). Estes receptores estão localizados nas regiões de amielina dos neurónios e são compostos por gangliosídeos, proteínas vesiculares sinápticas. Os receptores de BoNT-A são isoformas de sinaptotagmina.

- ***Internalização*** :

As BoNT não atravessam diretamente a membrana citoplasmática. São internalizadas por endocitose em compartimentos intracelulares ácidos e permanecem na extremidade pré-sináptica dos neurónios motores (Figura 24).

- ***Translocação para o citosol*** :

A acidificação destas vesículas de endocitose pela ATPase vesicular induz a oligomerização das cadeias pesadas da neurotoxina em tetrâmeros, que se inserem na bicamada lipídica e formam canais iónicos que permitem à cadeia leve atravessar a membrana vesicular (figura 24), para se localizar no citosol após a redução da ponte dissulfureto que mantém as duas cadeias unidas, de modo a poder exercer a sua atividade.

- ***Atividade enzimática*** :

Os substratos das BoNTs são as proteínas SNARE. A toxina botulínica A é responsável pela clivagem da proteína SNAP-25 (Figura 24), levando à remoção do domínio da SNAP-25 que interage com a sinaptotagmina, que controla o fluxo de iões Ca^{2+} necessário para a exocitose do neurotransmissor.

Em consequência, a ação proteolítica da BoNT-A faz com que as vesículas sinápticas não se fundam com a membrana citoplasmática, impedindo a libertação de acetilcolina na fenda sináptica. A transmissão neuromuscular é assim inibida, conduzindo à paralisia.

d. Botulismo

O botulismo é uma doença fatal, também conhecida como envenenamento por botulismo. Trata-se de uma doença paralítica grave causada pela BoNT.

A toxina entra no organismo de uma das seguintes formas: por colonização da bactéria *C. botulinum* no trato digestivo de crianças ou adultos, por ingestão da toxina a partir de alimentos ou por contaminação de uma ferida pela bactéria, e conduz a uma **paralisia** que começa geralmente nos músculos faciais e depois se espalha para os membros. Nas formas graves, leva à **paralisia dos músculos respiratórios** e **à insuficiência respiratória**.

Esta doença mundial afecta todas as idades, desde os bebés até aos idosos.

III.2.4.1.2. Exemplo de toxina tetânica

a. Definição

A neurotoxina do tétano (TeNT) é uma toxina extremamente potente produzida pelo *Clostridium tetani*, um bacilo Gram-positivo anaeróbio estrito. A TeNT distingue-se de outras neurotoxinas clostridiais pela sua capacidade única de atingir o SNC através de transporte axonal retrógrado. Inibe então a neurotransmissão dos interneurónios inibitórios, causando paralisia espástica, incluindo o tétano.

b. Estrutura química

A toxina do tétano é sintetizada naturalmente como um polipéptido de 150 kDa, que é clivado pós-tradução por uma protease bacteriana ou do hospedeiro para gerar uma cadeia leve e uma cadeia pesada, que são mantidas juntas por uma ponte dissulfureto (Figura 23). A cadeia leve (50 kDa) é composta por um domínio catalítico N-terminal, uma protease dependente do zinco, que cliva especificamente membros da proteína SNARE. A cadeia pesada (100 kDa) é constituída por dois domínios de 50 kDa, cada um com uma função distinta, sendo o domínio de translocação N-terminal responsável pelo transporte da cadeia leve através da membrana da vesícula sináptica para o citoplasma. O domínio C-terminal da cadeia pesada é responsável pela ligação da toxina aos neurónios periféricos.

c. Mecanismo de ação

A TeNT é uma neurotoxina que actua no SNC. Uma vez que a toxina não consegue atravessar a barreira hemato-encefálica, entra nas terminações nervosas motoras sem afetar a libertação de acetilcolina. É internalizada em vesículas intracelulares com um pH neutro e entra no SNC através de transporte axonal retrógrado para os corpos celulares dos neurónios motores, que fazem sinapse com interneurónios inibitórios. É a este nível que a toxina é libertada para exercer a sua ação sobre as subunidades proteicas do sistema SNARE.

A proteína VAMP (sinaptobrevina) é o alvo da TeNT e, uma vez clivada pela TeNT, não se complexa com as proteínas da membrana (Figura 24). A fusão da vesícula sináptica, contendo neurotransmissores, com a membrana plasmática é, portanto, impossível. Como resultado, a exocitose de glicina e ácido γ-aminobutírico (GABA) pelos interneurónios inibitórios é bloqueada. Os neurónios motores deixam de receber o controlo inibitório. As células musculares deixam assim de ser reguladas corretamente. O resultado é uma hipertonia muscular, inicialmente localizada e depois generalizada, que conduz à paralisia espástica caraterística do tétano.

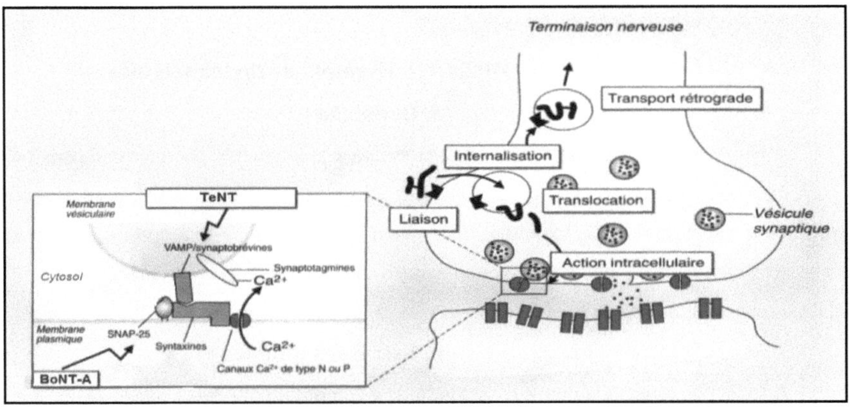

Figura 24: Ação intracelular das cadeias BoNT e TeNT.

d. Tétano

Tétano significa rigidez ou tensão em grego e é também uma doença nervosa, caracterizada por paralisia espástica, ou seja, contracções dos músculos esqueléticos (rigidez), e espasmos (Figura 25), que se manifestam frequentemente por disfagia e espasmos dos músculos respiratórios, laríngeos e abdominais, causando insuficiência respiratória e disfunção do sistema nervoso autónomo.

O tétano é agora raro na maioria dos países, mas a forma neonatal continua a ser uma importante causa de morte em certas regiões, principalmente em África. A prevenção baseia-se na vacinação e na desinfeção das feridas.

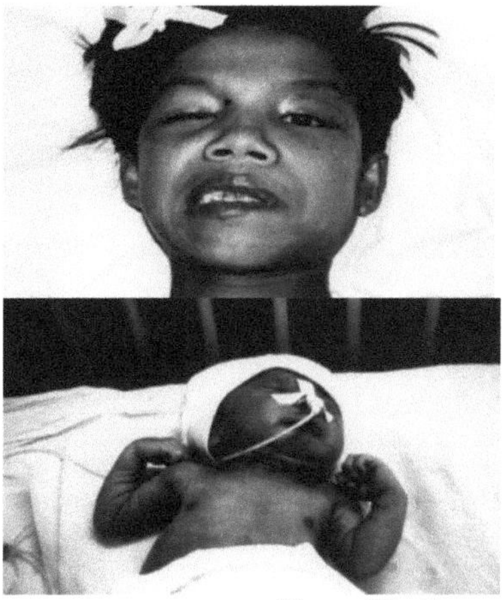

Figura 25: Alguns casos de tétano.
Tétano cefálico à esquerda e tétano neonatal à direita.

III.3 Imunotoxinas

Este grupo inclui as toxinas que interagem com os receptores celulares ligados aos complexos principais de histocompatibilidade (MHC): são as imunotoxinas ou superantigénios (SAg). De facto, são proteínas de cadeia simples, com 20 a 30 kDa de tamanho, capazes de induzir a ativação policlonal dos linfócitos T. Esta família de toxinas inclui a toxina estreptocócica da síndrome do choque tóxico do *Streptococcus pyogenes* e a toxina da síndrome do choque tóxico 1 (TSST-1) do *Staphylococcus aureus*.

III.3.1. Exemplo da toxina TSST-1 de *Staphylococcus aureus*

a. Definição

A toxina 1 da síndrome do choque tóxico (TSST-1) pertence a uma grande família de exotoxinas produzidas por *Staphylococcus aureus*. Esta toxina super-antigénica e imunoestimuladora tem a capacidade de interagir com moléculas MHC de classe II (MHC-II) e receptores de células T.

b. Estrutura química

A TSST-1 é uma proteína codificada pelo gene *tstH* (15,2 Kb) presente no cromossoma bacteriano, que é transcrito e depois traduzido numa proteína precursora de 234 aminoácidos. Esta molécula é segregada após a clivagem de um péptido de sinal de 40 aminoácidos localizado no seu lado N-terminal. A proteína madura é, portanto, um polipéptido de cadeia única de 22 kDa. A estrutura cristalina da TSST-1 representa dois domínios A e B (Figura 26).

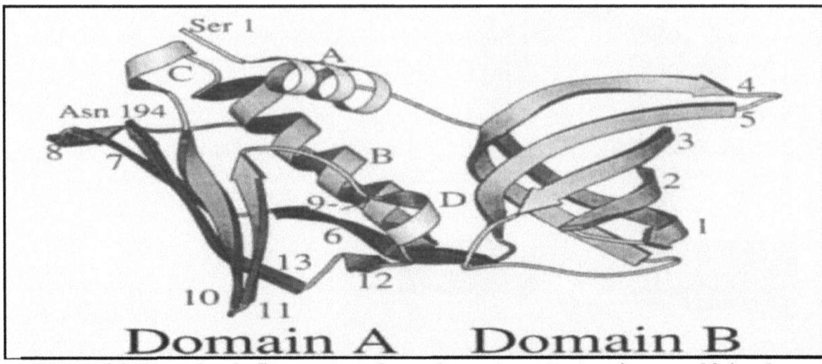

Figura 26: Desenho de fita mostrando os elementos estruturais secundários do TSST-1 numa orientação padrão.

As hélices estão identificadas de A a D e estão representadas como bobinas. As folhas β estão identificadas com 1-13 e são representadas por setas.

c. Mecanismo de ação

Os SAgs, incluindo o TSST-1, são uma família de proteínas que se ligam simultaneamente às cadeias α e/ou β das moléculas MHC-II e às regiões Vβ dos receptores de células T (TCRs) (Figura 27) .

Esta ligação leva à ativação de uma grande população de linfócitos T que libertam quantidades maciças de citocinas inflamatórias, bem como à ativação de macrófagos para produzir citocinas pró-inflamatórias, incluindo, entre outras, os factores de necrose tumoral (TNF-α e TNF-β), a interleucina 1β (IL-1β) e a interleucina 2 (IL-2) e o interferão gama (INF-γ), resultando na síndrome do choque tóxico (SCT).

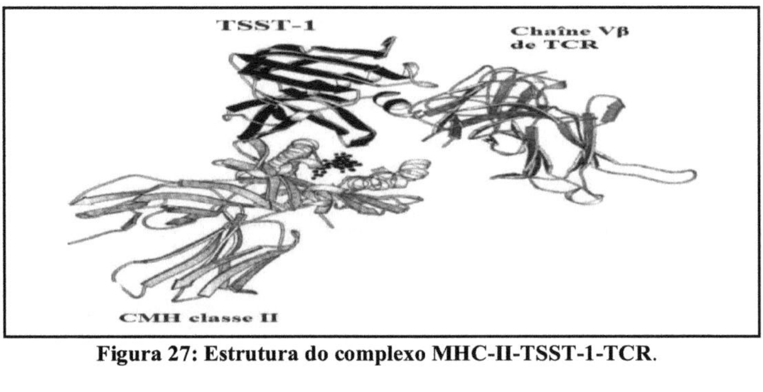

Figura 27: Estrutura do complexo MHC-II-TSST-1-TCR.

d. Síndrome do choque tóxico (SCT)

A síndrome do choque tóxico estafilocócico (SCT) é uma doença potencialmente grave. Ocorre subitamente depois de *o S. aureus* entrar na corrente sanguínea e produzir TSST-1.

Vários órgãos, incluindo o fígado, os pulmões e os rins, podem ser rapidamente afectados. Esta toxina provoca uma cascata inflamatória sistémica, favorecida pela ausência ou quantidade insuficiente de anticorpos anti-TSST-1.

Os sintomas associados à SCT incluem sintomas semelhantes aos da gripe, como febre, dores de cabeça e dores musculares. Estes sintomas são rapidamente progressivos e graves. Outros sintomas podem incluir dor no local da ferida, vómitos e diarreia, sinais de choque, incluindo tensão arterial baixa e tonturas, falta de ar e uma erupção cutânea semelhante a uma queimadura solar.

IV. Modo de ação das endotoxinas

Um número crescente de estudos indica que as endotoxinas ou lipopolissacáridos desempenham um papel central numa série de patologias. As endotoxinas estão entre as substâncias biológicas mais tóxicas libertadas pelas bactérias Gram-negativas.

IV.1 Exemplo de toxina tifoide de *Salmonella enterica* serovar Typhi

a. Definição

A toxina tifoide é uma molécula LPS, um fator de virulência da *Salmonella* Typhi, que causa a febre tifoide nos seres humanos.

b. Mecanismo de ação

Depois de chegar ao trato gastrointestinal, *a Salmonella* Typhi invade rapidamente a mucosa intestinal, chegando a multiplicar-se no interior dos fagócitos e da lâmina própria, escapando depois. As bactérias também colonizam os gânglios linfáticos mesentéricos, de onde se espalham para a linfa e depois para a circulação geral.

Além disso, a lise das bactérias nos gânglios linfáticos liberta LPS tóxico ou endotoxina O. A endotoxina O é transportada na corrente sanguínea, provocando ulcerações locais (perfurações) das placas de Peyer (lesões intestinais hemorrágicas). Depois, transportada para os ventrículos cerebrais, provoca o tifo. Trata-se de um estado de torpor, de prostração, de diarreia e de dores abdominais. Além disso, a endotoxina atinge também o centro termorregulador (o hipotálamo), interagindo com a fosfolipase A2, que liberta ácido araquidónico, o qual, por sua vez, liberta prostaglandina através da ciclo-oxigenase. Esta prostaglandina atravessa a barreira hemato-encefálica e actua sobre o nervo sensitivo, provocando uma febre que atinge um patamar de 40°C e que conduz à febre tifoide acompanhada de delírio.

d. Febre tifoide

As salmonelas encontram-se frequentemente no trato intestinal de muitos animais. Por conseguinte, quando as condições de higiene são deficientes, existe o risco de contaminação dos alimentos por *Salmonella* e, consequentemente, dos seres humanos. Como resultado, os bacilos *de Salmonella* entram no trato digestivo e atravessam a parede intestinal. As bactérias penetram no pólo apical das células durante a fagocitose pelos macrófagos.

A fuga aos mecanismos de destruição produzidos pelo fagócito será, portanto, um fenómeno chave na virulência desta espécie, e deve-se quer à resistência das Salmonella às enzimas, quer ao facto de as Salmonella impedirem eficazmente a fusão fagolisossomal. As bactérias encontram-se, assim, no interior dos vacúolos dos enterócitos.

Por outro lado, certos germes atingem os gânglios linfáticos onde se multiplicam e dão origem a uma adenolinfite mesentérica. De facto, as lesões mais evidentes encontram-se nas placas de Peyers do Íleo terminal. A partir daqui, os bacilos entram na corrente sanguínea através da linfa (Figura 28).

Além disso, a lise bacteriana nos gânglios linfáticos mesentéricos liberta uma endotoxina. É sobretudo a libertação desta toxina que é responsável pela maior parte das manifestações clínicas destas doenças. Esta toxina provoca igualmente complicações devido à sua ação sobre o sistema neuro-vegetativo, conduzindo à febre tifoide.

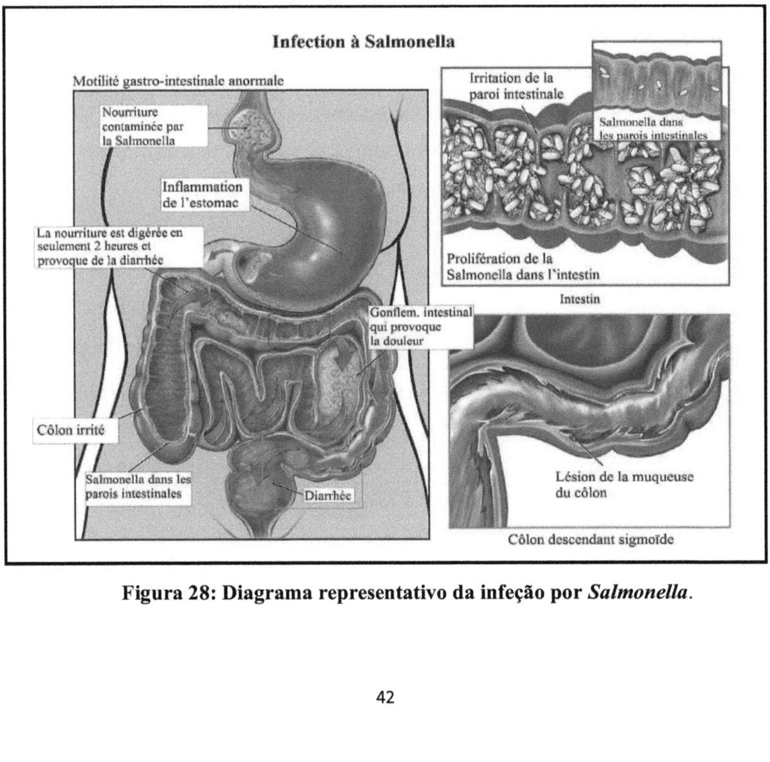

Figura 28: Diagrama representativo da infeção por *Salmonella*.

CAPÍTULO II: TOXINOTERAPIA

As toxinas são determinantes de virulência que desempenham um papel importante na patogenicidade microbiana e/ou na fuga à resposta imunitária do hospedeiro. Estas moléculas são, por conseguinte, alvos ideais para o desenvolvimento de novas estratégias antimicrobianas. As toxinas bacterianas são, por conseguinte, um domínio ativo de investigação com repercussões não só na microbiologia e na biologia celular e molecular, mas também no domínio médico, nomeadamente na **toxinoterapia**, que consiste na utilização de toxinas bacterianas para tratar determinadas doenças.

De facto, as aplicações potenciais da investigação sobre toxinas vão além do simples combate aos agentes patogénicos microbianos e incluem a utilização como novos medicamentos anticancerígenos e ferramentas neurobiológicas.

A. Anatoxinas

I. Definição

Em 1924, Ramon descreveu que toxinas como a TeNT e a DT podiam ser inactivadas por um tratamento com calor e formaldeído, dando origem a formas não tóxicas (anatoxinas) que eram imunogénicas mas não tóxicas.

Esta descoberta permitiu que as primeiras vacinas fossem produzidas por tratamento químico. Um toxoide contribui para a secreção de células imunitárias capazes de detetar a toxina. Assim, ao injetar um toxoide num doente, o seu sistema imunitário será ainda mais reativo quando entrar em contacto com a toxina.

II. Preparação de toxoides

A desintoxicação das toxinas por ação da formalina, segundo o método de Ramon, parece manter essencialmente intactas as suas propriedades imunológicas. Assim, a perda de toxicidade poderia resultar da modificação preferencial da(s) região(ões) envolvida(s) na expressão desta atividade. Por outras palavras, poderia tratar-se de uma modificação de um ou mais resíduos de aminoácidos situados no sítio tóxico.

A produção de um toxoide bacteriano envolve várias fases. Começa com o crescimento de estirpes específicas. Estas bactérias são primeiro cultivadas num meio sólido e depois colocadas em cultura líquida durante vários dias a uma semana, para se adaptarem ao meio e se desenvolverem. A temperatura e as condições de cultura são rigorosamente controladas para evitar a contaminação.

Após o desenvolvimento das bactérias, a cultura é colhida e as células são removidas por centrifugação e/ou filtração, permitindo a recuperação da toxina segregada.

A toxina é tratada com um agente químico, como o formaldeído, para eliminar a sua toxicidade, mantendo a estrutura proteica necessária para desencadear uma resposta imunitária protetora. A molécula resultante é denominada anatoxina.

O toxoide é purificado por vários processos que podem incluir precipitação (adição de um sal que provoca a precipitação selectiva do toxoide), eletroforese e/ou cromatografia. O toxoide é então testado para determinar a sua pureza, segurança (ausência de toxicidade) e atividade antes de ser formulado na vacina final.

III. Exemplo da vacina contra o tétano

O toxoide tetânico (TT) é obtido através da inativação da toxina com formalina. A AT requer a utilização de adjuvantes, sendo os mais comuns os sais de alumínio (hidróxido de alumínio ou fosfato de alumínio) nos quais é adsorvida, a fim de aumentar a sua antigenicidade.

A imunidade ao tétano é uma resposta imunitária humoral. De facto, o toxoide tetânico induz a formação de anticorpos específicos pertencentes à classe IgG. Estes anticorpos podem atravessar facilmente a barreira placentária e difundir-se através da corrente sanguínea e das zonas extravasculares.

Além disso, os estudos sobre a mortalidade ligada ao tétano neonatal em crianças nascidas de mães que foram ou não vacinadas fornecem informações que permitem avaliar a eficácia da vacina antitetânica. Na maioria destes estudos, esta eficácia situa-se entre 80 e 100%.

Além disso, a vacinação das mães pode proteger o feto contra o tétano neonatal graças à passagem das antitoxinas (IgG) através da barreira placentária.

A Figura 29 mostra os títulos de antitoxina em adultos após a vacinação primária e de reforço com toxoide tetânico. O nível e a duração da imunidade aumentam com o número de injecções de toxoide.

Duas a quatro semanas após a segunda injeção, o nível médio de anticorpos antitetânicos excede o nível protetor mínimo de 0,01 UI/ml.

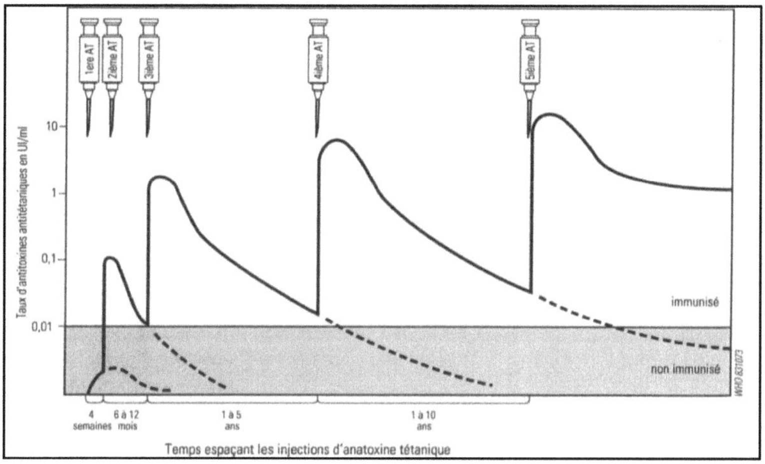

Figura 29: Resposta dos anticorpos ao toxoide tetânico

B. Utilização da toxina botulínica

A toxina botulínica foi a primeira proteína tóxica derivada de culturas bacterianas a ser utilizada para fins terapêuticos. De facto, a especificidade neuronal desta toxina tornou-a um instrumento terapêutico utilizado numa vasta gama de indicações em medicina física e de reabilitação, neurologia, oftalmologia, urologia e tratamento da dor.

Existem atualmente quatro especialidades de toxinas botulínicas. ®®®®Existem três toxinas botulínicas de tipo A: BOTOX , DYSPORT , XEOMIN e uma toxina botulínica de tipo B: NEUROBLOC . O tipo A é o mais normalizado.

I. Tratamento estético com BOTOX

I.1 Definição e princípio

BOTOX é o nome comercial da "toxina botulínica", que se apresenta sob a forma de uma proteína purificada. É amplamente conhecido pela sua utilização em cosmética para reduzir as rugas. Funciona através do bloqueio da transmissão neuromuscular, resultando num relaxamento temporário (redução) do tónus do músculo injetado. Desta forma, reduz as rugas ao induzir uma paralisia temporária e reversível do músculo tratado.

De facto, BOTOX trata especificamente as chamadas rugas **dinâmicas**, também conhecidas como rugas de expressão ou de contração. Estas localizam-se nas zonas de expressão (testa, contorno dos olhos, contorno da boca) onde a contração muscular repetida provoca "ondas" na pele. Por outras palavras, a repetição dos movimentos faciais (franzir o sobrolho, franzir as rugas, sorrir, etc.) cria progressivamente marcas no rosto. Com o tempo, as rugas formam-se e permanecem mesmo quando os músculos estão relaxados. Este curso inclui :

o Rugas à volta dos olhos, conhecidas como "pés de galinha", que exprimem alegria.

o Linhas glabelares ou "linhas de expressão", que são as linhas verticais entre as sobrancelhas. Exprimem a raiva.

o As rugas transversais na testa expressam espanto.

o Rugas periorais ou linhas de sorriso.

Além disso, o BOTOX, que trata especificamente este tipo de rugas, proporciona ao paciente um rosto totalmente relaxado, mais descansado e, por conseguinte, com um aspeto mais jovem.

O tratamento com BOTOX cliva inquestionavelmente a proteína SNAP25, bloqueando a libertação de acetilcolina e impedindo a contração muscular.

Esta desnervação parcial dos músculos resulta numa redução localizada da atividade muscular.

O efeito na pele será o de suavizar as linhas de contração.

Este bloqueio é irreversível, mas as terminações nervosas "voltam a crescer" e restabelecem outras ligações com o músculo, que se reinicia por si próprio.

A recuperação total da função motora e da condução nervosa ocorre normalmente no prazo de 3 a 4 meses, razão pela qual são necessárias injecções repetidas.

I.2 Antecedentes

[ème]A toxina botulínica é um complexo proteico produzido pelo *Clostridium botulinum*, uma bactéria anaeróbia gram-negativa descoberta na Alemanha no século XIX por Justinus Kerner como a causa de uma intoxicação alimentar devida ao consumo de morcela. Botunlinum" vem do latim "botulinus", que significa "salsicha de sangue".

Foi então estudado nos anos 70 por Alan Scott, um oftalmologista americano que, com a ajuda de um bioquímico, desenvolveu o Botox como tratamento para espasmos oculares e estrabismo, para o qual obteve a aprovação da FDA em 1989.

A sua utilização para doenças oculares levou a Dra. Carruthers, uma oftalmologista canadiana, a constatar que um dos seus efeitos secundários era a redução das rugas verticais entre as sobrancelhas. Em 1990, a Dra. Carruthers introduziu as primeiras utilizações cosméticas da toxina botulínica no tratamento das rugas faciais.

Em 2002, o Botox foi aprovado pela FDA para utilização nas rugas glabelares e, em 2013, para o tratamento dos pés-de-galinha.

I.3 Preparação do BOTOX

[6] Desde a sua utilização inicial em oftalmologia, a BoNT tem sido produzida a partir de

uma estirpe americana de *C. botulinum* conhecida como Hall, selecionada pela sua capacidade de produzir concentrações elevadas de BoNT (mais de 10 UI/ml a 37°C) em 24 a 36 horas.

As bactérias são cultivadas num meio adequado em condições anaeróbias. A BoNT é então purificada e diluída numa solução de lactose e albumina de soro humano para a estabilizar antes de ser formulada num liofilizado para ser armazenada a uma temperatura inferior a -5°C. É diluído em soro fisiológico, que determina a sua distribuição local. Após reconstituição, a solução deve ser utilizada no prazo de 4 horas após a abertura, desde que seja conservada a uma temperatura entre +2 e +8°C.

I.4 Tratamento das rugas faciais

O tratamento das rugas com Botox é simples de efetuar e demonstrou ser seguro a curto prazo e eficaz. É efectuado por meio de injecções locais feitas diretamente no músculo desejado, utilizando pequenas seringas ou agulhas finas. A injeção é indolor.

A indicação mais comum é a glabela, entre as duas sobrancelhas. As injecções de BOTOX são também utilizadas para as rugas dos pés de galinha, as rugas da testa e para levantar a sobrancelha.

èmeème A injeção de toxina botulínica induz um relaxamento muscular entre 2 e 10 dias, com um resultado ótimo de "alisamento" após 3 semanas. O alisamento das rugas dura entre 4 e 6 meses, devendo a operação ser repetida após esse período ou logo que surjam novas rugas (Figura 30).

Embora a injeção em si demore apenas alguns minutos, requer algumas precauções:

- A pele deve estar completamente limpa e sem maquilhagem no dia da injeção;
- O médico traça os pontos de injeção no rosto;
- Dosagem cuidadosa da toxina botulínica ;
- Não tomar anticoagulantes nos dias que antecedem a injeção.

Se todas estas condições estiverem reunidas, o cirurgião plástico pode proceder à injeção de Botox. Embora não seja muito doloroso, devem ser tomadas algumas precauções após a injeção para otimizar o resultado:

- Aplicar uma pomada anestésica para reduzir a dor;
- Não tocar ou massajar as áreas tratadas durante 24 horas após a injeção;
- Não fazer desporto;
- Não tomar aspirina ou medicamentos anti-inflamatórios durante 3-4 dias para evitar que o produto se espalhe para áreas indesejadas.

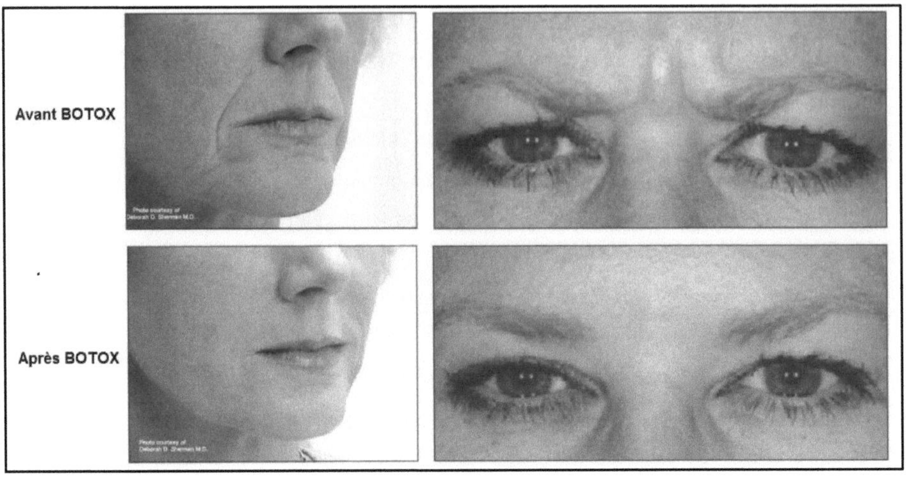

Figura 30: Imagens que ilustram o tratamento das rugas faciais com BOTOX

C. Imunotoxinas: uma nova ferramenta para o tratamento do cancro

Nos últimos anos, foram desenvolvidas várias imunotoxinas que visam tumores como os cancros da mama, do pulmão, do estômago, da bexiga e do sistema nervoso central. Recentemente, foram testadas clinicamente em tumores hematológicos malignos e sólidos e demonstraram uma eficácia clínica potente em doentes com tumores malignos refractários à cirurgia, radioterapia e quimioterapia, os métodos tradicionais de tratamento do cancro.

Estão a ser desenvolvidos esforços para eliminar os obstáculos à eficácia clínica, nomeadamente a imunogenicidade e a toxicidade para os tecidos normais.

I. Preparação da imunotoxina DT

As toxinas podem ser manipuladas para matar células cancerígenas simplesmente substituindo o domínio de ligação da toxina por um anticorpo, um fator de crescimento ou uma citocina (Figura 31), que se ligaria seletivamente à célula-alvo.

Em alternativa, o domínio de ligação pode estar presente mas sofrer uma mutação para impedir a ligação a células normais.

O ligando e a toxina podem ser ligados quimicamente, como nos conjugados químicos, ou geneticamente, como nas toxinas de fusão recombinantes.

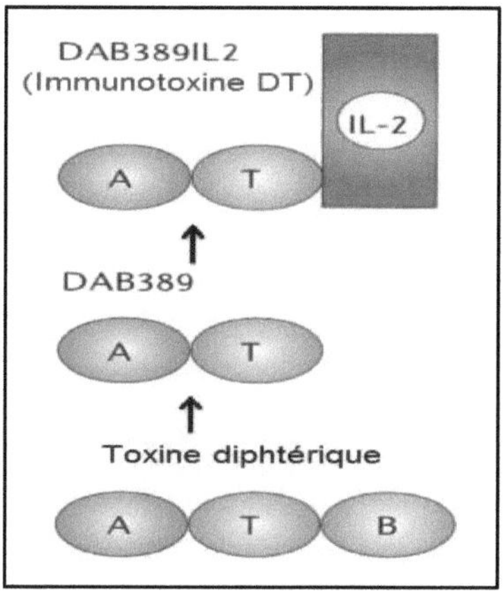

Figura 31: Estratégia utilizada para fabricar a imunotoxina DT
(B): domínio de ligação ao recetor; (T): domínio de translocação citosólica; (A): domínio catalítico.

II. Terapia do cancro com imunotoxinas DT

As imunotoxinas são concebidas para se ligarem a antigénios específicos na superfície das células cancerígenas e entrarem nas células por endocitose (Figura 32). Sem dúvida, a endocitose transporta a toxina para um compartimento ácido do endossoma, o que provoca uma alteração estrutural na imunotoxina DT, permitindo a sua translocação através da membrana endocítica.

Como resultado, o domínio catalítico A ADP-ribosilado do fator de alongamento 2 (FE2). O FE2 assim modificado pela ADP-ribosilação deixa de poder produzir novas proteínas e a célula morre por apoptose.

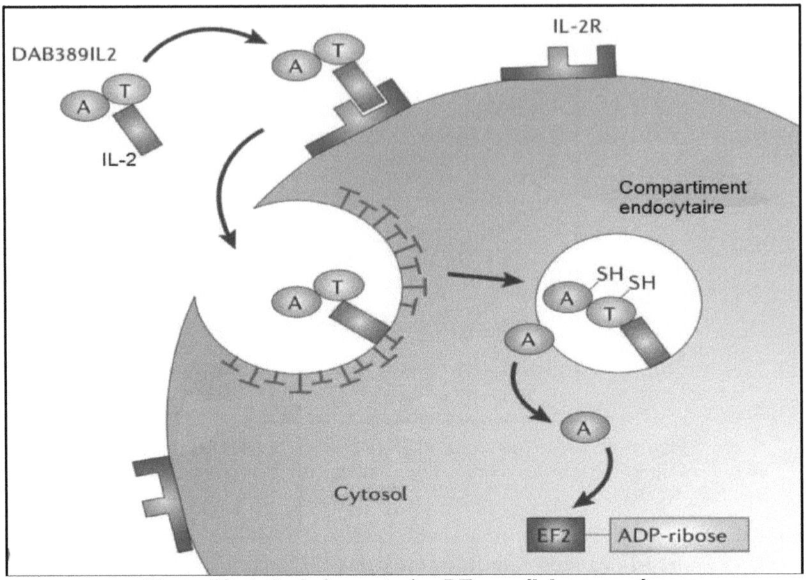

Figura 32: Ação da imunotoxina DT nas células cancerígenas.

É de notar que a afinidade da imunotoxina pelo antigénio determina o tempo que esta permanece associada ao antigénio na superfície celular. Consequentemente, quanto maior for a afinidade, mais ativa é a imunotoxina na destruição das células-alvo.

REFERÊNCIAS BIBLIOGRÁFICAS

- Baker M.D., Acharya K.R. 2004 : Suprantigens: Relações estrutura-função. *Int. J. Med. Microbiol.* 293: 529-537.
- Barth H., Fischer S., Möglich A., Förtsch C. 2015 : Clostridial C3 toxins target monocytes/macrophages and modulate their functions, Frontiers in immunology. 6: 1-6.
- Benz R. 2016 : Channel formation by RTX-toxins of pathogenic bacteria: Basis of their biological activity, Biochimica et Biophysica Ata, 1858(3): 526-537
- ChenalA., Nizard P. e Gillet D., 2002 : Structure and Function of Diphtheria Toxin: from Phathology to Engineering. Journal of Toxicology-Toxin Reviews. 21(3): 321-359
- Chong A., Lee S., Yang Y.A., Song J. 2017: O Papel da Toxina Tifoide na Virulência *da Salmonella* Typhi. Jornal de Biologia e Medicina de Yale.90: 283-290.
- Deloye F., Schiavo G., Doussau F., Rossetto O., Montecucco C. Poulain B. 1996: Modes d'action moléculaire des neurotoxines botuliques et tétanique. médecine/sciences. 12 : 175-182.
- Galmiche A., Bouquet P., 2001: Bacterial toxins: virulence factors and cell biology tools. médecine/sciences.17: 691-700.
- Hassel B., 2013: Tetanus: Pathophysiology, Treatment, and the Possibility of Using Botulinum Toxin against Tetanus-Induced Rigidity and Spasms. *Toxinas*. 5: 73-83.
- Hochedez P., Hope-Rapp E., Olive C., Nicolas M., Beaucaire G., Cabié A., 2010: Bacteremia causada pelo complexo *Aeromonas hydrophila* nas ilhas caribenhas de Martinica e Guadalupe. Am. J. Trop. Med. Hyg. 83(5) :1123-1127
- Hotze E M., Tweten R K. 2012: Montagem na membrana do complexo de poros da citolisina dependente de colesterol, Biochimica et Biophysica Ata. 1818: 1028-1038.
- Mateyak M.K., Kinzy T.G. 2013: A ADP-ribosilação do Fator de Elongação da Tradução 2 pela Toxina da Difteria em Levedura Inibe a Tradução e a Separação Celular. Jornal de Química Biológica. 288(34): 24647-24655 p.
- Ménager C., Kaibuchi K. 2003: Les protéines Rho : leur rôle dans les neurones, Médecine sciences. 19 (3): 358-363.
- Pastan I., Hassan R., FitzGerald D.J., Kreitman R.J., 2006: Immunotoxin therapy of cancer. Nature Reviews/CANCER. 6: 559-564.
- SeagarM., Quetglas S., Iborra C., Lévêque C. 2001 : Le complexe SNARE au cœur de la fusion membranaire. médecine/sciences. 17 : 669-674.
- Spaan A. N., Schiepers A., De Haas C. J. C., Van Hooijdonk D. D. J. J., Badiou C., Contamin H., Vandenesch F., Lina G., Gerard N. P., Van Kessel K. P. M., Henry T., Van Strijp J. A. G., 2015: Interação diferencial das toxinas estafilocócicas Paton-Valentine Leukocidin e γ-Hemolysin CB com receptores C5a humanos, The Journal of Immunology. 195: 1034-1043.
- Van Bost S., Mainil J., 2003: Factores de virulência e propriedades específicas de estirpes invasivas *de Escherichia coli*. *Ann. Méd.* 147: 327-342.

LEXICON

Apatia: é a incapacidade de reagir.

Apneia: é uma suspensão momentânea da respiração.

Artrite séptica: A artrite é definida como uma lesão inflamatória aguda ou crónica da mucosa sinovial de uma ou mais articulações. A artrite séptica ocorre quando um agente infecioso, bacteriano ou fúngico, se multiplica no líquido sinovial da articulação.

Bacteremia: passagem transitória de germes para a corrente sanguínea.

Colangite: é uma doença que afecta os canais biliares e o fígado; é uma inflamação dos canais biliares que transportam a bílis do fígado para a vesícula biliar e depois para o intestino.

Colecistite aguda: Trata-se de uma inflamação da vesícula biliar. Ocorre geralmente quando o ducto da vesícula biliar é bloqueado por cálculos biliares. Os cálculos biliares são mais frequentes nas mulheres, nos idosos e nas pessoas com excesso de peso.

Corio-amniotite: é uma inflamação aguda das membranas placentárias e do córion.

Citoesqueleto de actina: O citoesqueleto é uma rede de filamentos no interior de uma célula, que lhe confere as suas propriedades mecânicas.

Dificuldade respiratória: é um tipo de insuficiência respiratória (pulmonar).

Granuloma: é uma lesão inflamatória crónica proliferativa constituída por células mononucleares (linfócitos e macrófagos mononucleares) e, de forma inconstante e em número variável, por células epitelióides e células gigantes multinucleadas.

Infecções oculares: trata-se de uma infeção dos olhos.

Meningite: é uma inflamação das "meninges", as membranas finas que envolvem o cérebro e a espinal medula.

Miosite: é uma doença inflamatória do tecido muscular. É uma das doenças músculo-esqueléticas.

Nefropatia: é uma doença renal causada por uma perturbação funcional ou por lesões orgânicas do rim.

Necrose: é um processo que se desencadeia quando a célula é submetida a um ataque estrutural ou químico do qual não consegue recuperar, levando à sua morte.

Operão: Um operão é uma unidade funcional de ADN que agrupa genes que funcionam sob o sinal do mesmo promotor.

Osteomielite: é uma infeção óssea causada por um germe que chega ao osso através da corrente sanguínea. Ocorre principalmente nas metáfises dos ossos longos.

Peritonite: inflamação do peritoneu, a membrana que reveste o interior da cavidade abdominal.

Faloidina: é uma toxina do fungo *Amanita phalloides*. Ao ligar-se aos filamentos de actina, a toxina impede a sua despolimerização, provocando a sua acumulação e o mau funcionamento das células. O efeito tóxico deve-se essencialmente a lesões renais e hepáticas.

Pneumonia: é uma infeção dos pulmões, mais frequentemente causada por um vírus ou uma bactéria.

Pneumonia nosocomial: desenvolve-se em doentes hospitalizados que vivem em centros de cuidados ou que estão em contacto com ambientes médicos.

Prostração: refere-se especificamente a um estado de extrema fraqueza e fadiga, que se manifesta pelo colapso das funções musculares e pela imobilidade do doente.

Romboencefalite: é uma doença neurológica que corresponde a uma inflamação do tronco cerebral.

Septicemia: ou sépsis, **é** uma infeção generalizada do organismo de origem bacteriana. Manifesta-se por descargas repetidas de germes patogénicos na corrente sanguínea a partir de uma fonte infecciosa.

Esterano: É um alcano quadricíclico, constituído por três anéis com 6 átomos, designados por A, B e C, e um anel com 5 átomos, designado por D. Esta estrutura tem 6 carbonos assimétricos.

Sinóvia: líquido fibroso que lubrifica as articulações em movimento.

Torpor: entorpecimento geral, tanto físico como mental, que conduz à semi-consciência, à sonolência e ao adormecimento.

Tuphos: Estado de estupor e depressão extrema que caracteriza a febre tifoide e outras doenças como o tifo.

MIX
Papier aus verantwortungsvollen Quellen
Paper from responsible sources
FSC® C105338

Printed by Books on Demand GmbH, Norderstedt / Germany